Skelette von Radiolarien, Naturhistorisches Museum Paris. Rechte Seite: Stabtragwerk von Robert Le Ricolais.

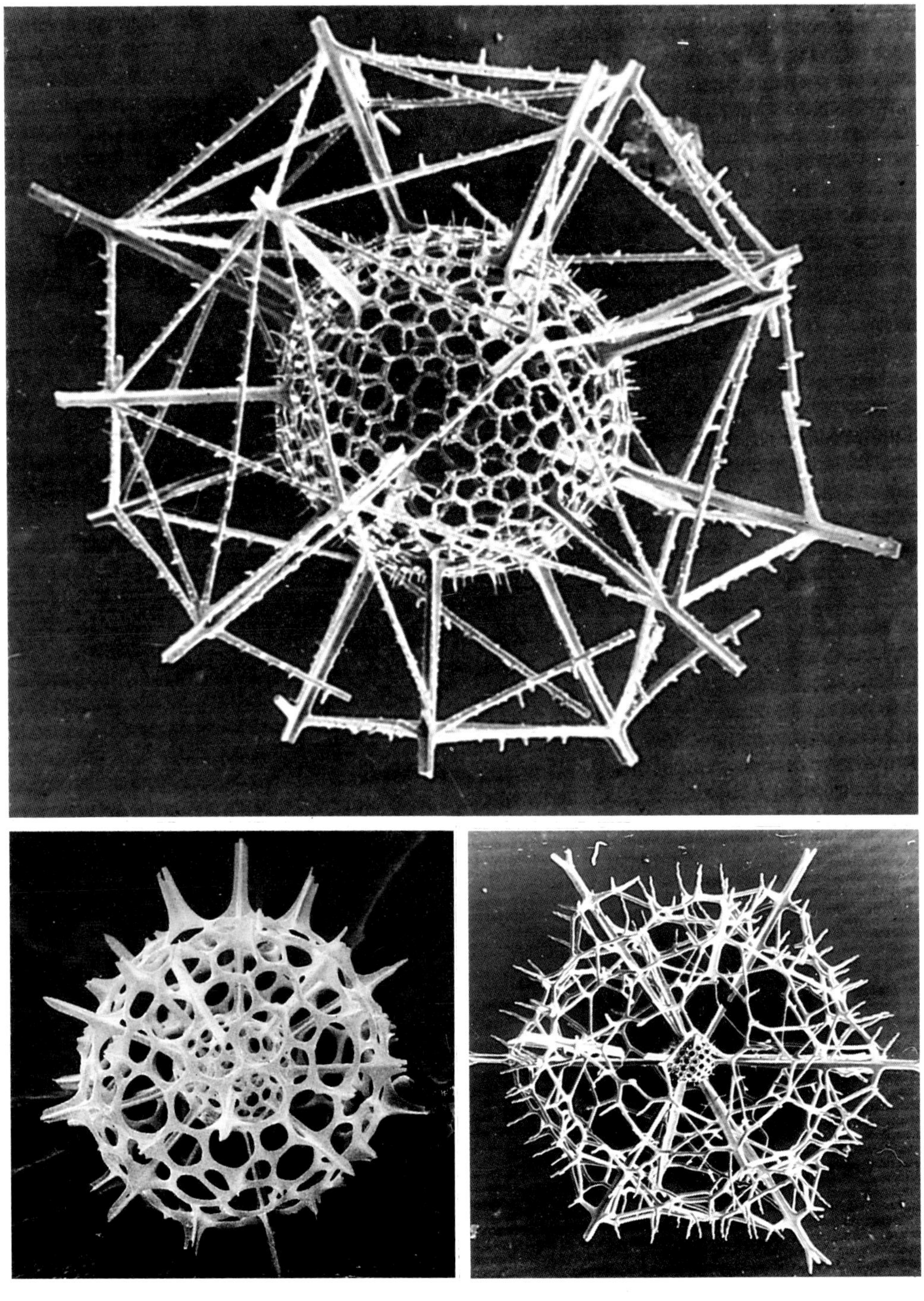

Von denselben Verfassern

Yves Coineau (1974):
Introduction à l'étude des microarthropodes du sol et de ses annexes,
Doin, Paris.

Biruta Kresling, Werner Nachtigall (1986):
Patente der Natur — Biophysik, in: *Das Große Jugendbuch,*
27. Folge, Verlag Das Beste, Stuttgart, Zürich, Wien.

Titel der französischen Originalausgabe

Yves Coineau, Biruta Kresling (1987):
Les Inventions de la Nature et la Bionique,
Muséum National d'Histoire Naturelle Paris, Hachette, Paris.

Deutsche Übersetzung

Biruta Kresling, Christa Wisser

YVES COINEAU · BIRUTA KRESLING

ERFINDUNGEN DER NATUR

BIONIK – DIE TECHNIK LERNT VON TIEREN UND PFLANZEN

NATURHISTORISCHES MUSEUM PARIS

Tessloff

„. . . Die Erforschung der Naturgeschichte kann, mag sie auch nur purer und eitler Neugierde zu dienen scheinen, sehr wohl von ganz reellem Nutzen sein, was sie gegenüber denen zu rechtfertigen vermöchte, die wollen, daß man nur nutzbringende Dinge suche, wenn man diesen nicht gleich einen Vorwurf daraus machte, sondern geduldig wartete, bis die Zeit gelehrt habe, welcherart Gebrauch man aus ihr ziehen könne . . ."

R. A. F. de Réaumur, *Histoire des guespes (Geschichte der Wespen)*, 1719.

OHNE SIE WÄRE DAS BUCH NICHT ZUSTANDE GEKOMMEN

Die Verfasser danken für ihre Unterstützung zu diesem Buch:
Ph. Taquet, Direktor des Naturhistorischen Museums Paris, P. Lissarrague, ehemaliger Direktor des französischen Luft- und Raumfahrtmuseums Le Bourget, W. Nachtigall und Mitarbeitern (Universität Saarbrücken), Frei Otto und Mitarbeitern (IL, Universität Stuttgart), I. Rechenberg (Verfahrenstechnik und Bionik, TU Berlin).
D. Doumenc, G. Meurgues, M. Thireau (Association pour la promotion de la bionique, Naturhistorisches Museum Paris).
Sie danken ihren Kollegen der Laboratorien des Naturhistorischen Museums Paris (MNHN):
G. Aymonin (Phanérogamie), J.-M. Baufle (Service Photo-Cinéma), J.-P. Boivin (Graineterie), J. Boudinot (Entomologie), J.-P. Caulet (Géologie), M.-Th. Cerceau (Palynologie), R. Cléva (Arthropodes), L. Derouet (Palynologie), Ch. Fuchs (Biologie végétable appliquée), J.-P. Gasc, A. Gordon (Anatomie comparée), D. Guinot (Arthropodes), J.-P. Laissus (Bibliothèque centrale), D. Lancelin (Géologie), J. Legrand (Entomologie), Cl. Lévi (Biologie des invertébrés marins et malacologie), J. Menier (Entomologie), M. Michaux (Restaurant), J. Minet (Entomologie), M.-A. Montané (Arthropodes), M. Mouton (Phanérogamie), J. Potiquet (Service Photo-Cinéma), A. Raynal-Roques (Phanérogamie), S. Renous (Anatomie comparée), M. Ricard (Cryptogamie), J. Richir (Paléontologie), D. Robineau (Anatomie comparée), H.-J. Schubnel (Minéralogie), Mitarbeitern der Abteilung für Museumskunde.
AAMA (Association des amis du musée de l'Air, Le Bourget), K. Affeld (Freie Universität Berlin), AFP (Agence France Presse), R. McNeill Alexander (Universität Leeds/England), J. Alinat (Fondation Cousteau, Musée océanographique, Monaco), Architecture d'aujourd'hui, Architettura, H.-J. Berns (Akademische Fliegergruppe, Universität Braunschweig), W. Biesel, D. Bilo, H. Butz (Universität Saarbrücken), Firma „Bird's Sail" (Carnac), S. Blaise (Universität Orsay), BOEING, NASA, US Air Force (Washington), Boja (Paris), A. Brossier (Musée d l'Air et de l'Espace, Le Bourget), Firma Cabasse (Brest), Cabé (Paris), P. Carpenter (Universität Exeter/England), R. Catala (ORSTOM, Nouméa/Neu-Kaledonien), CCI (Centre Pompidou, Paris), Centre National de Photographie (Paris), S. du Château (Paris), A. Chenais (La Rochelle), G. Clauss (Freie Universität Berlin), Collège de France (Paris), J. Couëlle (Paris), Y. Demarque (Laboratoire de robotique, I.U.T. Amiens), Deutsches Museum (München), A.-R. Devez (CNRS audiovisuel), Firma Dufaylite (Frankreich), Frau D. Doumenc (Paris), A. Florion (Tropisches Aquarium Nancy), Fondation Cousteau (Paris), P. Fromageot (Le Chesnay), U. Geissler (Freie Universität Berlin), P. Guinet (Paris), W. Harder (Universität Tübingen), H.-D. Hecker (Freiburg im Br.), K.-H. Hehn (TU Karlsruhe), D. und O. von Helversen (Universität Erlangen), J. Hertel (ILTUB, TU Berlin), A. Heymer (MNHN, Brunoy), Ingénieurs civils de France (Paris), Institut Le Ricolais (Paris), INPI (Patentamt Paris), W. Kahl (Freiburg im Br.), J.-J. Kessis (Laboratoire de robotique et d'intelligence artificielle, Universität Paris IV), E. Kullmann (Köln), E. Krämer-Verlag (Stuttgart), J. Joedicke (Universität Stuttgart), Laboratoire de Biologie marine (Universität Pierre et Marie Curie, Paris), M. Lambert, P. Malléjac (Laboratoire de robotique, IUT Amiens), Y. Lambert (ERA, Paris), Mannesmann Röhrenwerke (Düsseldorf), H.-P. Mees (Universität Saarbrücken), M. Mimram (Paris), M. Monedi (Pau), Heinz Moos-Verlag (München), R. Morisot (Musée de l'Air et de l'Espace, Le Bourget), Musée Carnavalet (Paris), Musée des Arts décoratifs (Paris), Musée des Techniques (Paris), ONERA (Châtillon), Österreichisches Luftfahrtarchiv (Wien), Palais de la Découverte (Paris), H. Peintinger (TU Berlin), J.-P. Rambaut (Laboratoire de robotique et d'intelligence artificielle, Universität Paris IV), J.-C. Roland (École Normale Supérieure, Paris), L. Romani (Laboratoire Eiffel, Paris), J.-M. Rose (Pont de Briques), J. Rougerie (Paris), G. Rüppell (Universität Baunschweig), Rutan-Aircraft (Kalifornien/USA), A.-M. Schmid (Universität Salzburg), E. Schmidt (Universität Bonn), J. Serrier (CNRS, Gif-sur-Yvette), „Sender Freies Berlin", Staatliche Antikensammlungen (München), M. Thomas (Nantes), Ph. Turin (Union française des designers industriels), A. E. Treat (Tyringham, Mass./USA), UNESCO (Paris), Universitätsbauamt Freiburg im Br., F. Vanden Broeck (Universität von Mexiko), M. Vincenzi (Fresnes), Vishay-Micromesures (Montrouge), Firma J.-M. Voith (Heidenheim), W. Voss (Hirschberg), W. Windbrechtinger (Wien), A. und Ch. Wisser (Universität Saarbrücken), Firma Zodiac (Frankreich).

Die Verfasser danken der ANVAR (Agence Nationale pour la Valorisation de la Recherche) für die Erlaubnis, Dokumente der von ihr geförderten Forschungsprojekte „Bird's Sail" und der in den Universitäten Paris IV und Amiens entwickelten mobilen Roboter zu veröffentlichen.

Was ist Bionik?

Die Wissenschaft, von der dieses Buch handelt, nennt sich Bionik. Sie sucht bei Pflanzen und bei Tieren nach Funktionsmodellen für technische Konstruktionen. Ignaz Etrich und sein Sohn Igo bauten nach dem Vorbild des Flugsamens der tropischen Liane Zanonia ihr erstes Nurflügel-Flugzeug. Max O. Kramer ließ sich von der Struktur der Delphinhaut Anregungen geben, wie man eine turbulenzdämpfende Verkleidung für Unterwasser-Fahrzeuge herstellen könnte. Und die Idee zu seinem Patent des Klettverschlusses hatte Georges de Mestral, als er sich die Samenstände der Kletten genauer ansah, die sich in seiner Kleidung verfangen hatten. Leonardo da Vinci war demnach bereits ein Bioniker, als er sich von der Form der Fledermäuse und der Vögel für seine Flugapparate inspirieren ließ.
Jedoch erst im Jahre 1960 erhielt diese Art wissenschaftlichen Verfahrens einen offiziellen Namen. Die Definition, die Jack E. Steele, ein Major der amerikanischen Luftwaffe, anläßlich des ersten Kongresses zu diesem Thema in Dayton, Ohio, gab, lautete folgendermaßen: „Die Bionik ist die Wissenschaft von Systemen, deren Funktionsweisen Kopien von Funktionsweisen der Natur darstellen, die spezifische Merkmale natürlicher Systeme aufweisen oder auch den natürlichen Systemen analog zu setzen sind."
Die Nachahmung der Natur vollzieht sich dabei in mehr oder weniger enger Anlehnung an das Vorbild, je nach der Art der dazu verwendeten Materialien. So ersetzt beispielsweise Keramik das pflanzliche Material bei den Rohrkörpern von Jacques Couëlle.
Manchmal wird nur das Bauprinzip beibehalten, und die technische Ausführung scheint ohne Bezug zum lebenden Vorbild: das runde, radial gerippte Schwimmblatt von *Victoria amazonica* ist auf den ersten Blick sehr verschieden von dem rechtwinkligen Glasdachelement, zu deren Konstruktion sich Sir Joseph Paxton vom Blatt inspirieren ließ.
In sehr vielen Fällen handelt es sich tatsächlich um eine Kopie der Natur mit einer für die Bionik typischen Verfahrensweise: Untersuchung des natürlichen Systems, Herausschälen des Funktionsprinzips, dann Übertragung in eine industriegerechte Konstruktion. Klassische Beispiele hierfür sind die künstliche Delphinhaut oder die nach dem Vorbild von Radiolarienskeletten entworfenen Tragwerke.
Es gibt jedoch auch viele Systeme, für die eine Analogie erst hinterher festgestellt wurde: so zum Beispiel das Prinzip des Sonars und das des schwingenden Kreiselkompasses. Diese Feststellung bedeutet jedoch nicht, daß die Bionik als Wissenschaft zu verwerfen sei, denn in sehr vielen Fällen kann ein biologisches Modell eine Erfindung des Menschen weiterverbessern helfen.

Die Bionik ist ihrem Wesen nach eine Art Kreuzungspunkt mehrerer wissenschaftlicher Wege. Die Biologie, die die Modelle liefert, befindet sich im Mittelpunkt der Windrose. Die technologischen Disziplinen gruppieren sich außen herum. Die Mathematik, Physik und Chemie liegen im mittleren Bereich. Die Bionik greift über mehrere Wissenschaftszweige hinweg, gerade weil sie eine angewandte Wissenschaft ist, das heißt, zu Industrieprodukten führen soll.
Ein „Bioniker" sollte hervorragende Spezialkenntnisse auf seinem Gebiet besitzen und zugleich sehr offen für andere wissenschaftliche Disziplinen sein. Um erfolgreich zu sein, braucht er nicht eine Art Alleswisser oder Alleskönner zu werden, muß jedoch aus anderen Wissenschaftszweigen ergänzende Erfahrungen für sich gewinnen können. So sollte beispielsweise ein Biologe offen sein für physikalische und technologische Fragen. Ein Ingenieur sollte umgekehrt ein solides Allgemeinwissen in der Biologie haben.
In Zusammenarbeit mit dem Pariser Naturhistorischen Museum haben wir eine Ausstellung über Bionik aufgebaut, die nun seit Anfang 1985 gezeigt wird. Es gab mehrere Gründe, ein solches Thema ausführlich zu behandeln: in unserem Zeitalter, das alle Neuerungen willkommen heißt, war es wünschenswert, einem breiten Publikum und auch führenden Persönlichkeiten der Industrie und der Wissenschaft dieses Teilgebiet vorzustellen. Für einen Biologen war es befriedigend zu sehen, daß seine naturwissenschaftliche Disziplin auch in der heutigen technischen Entwicklung ein gewichtiges Wort mitzusprechen hat.
Unser Buch bringt dieselben Beispiele, die in der Bionikausstellung gezeigt werden, und führt sie in der zeitlichen Folge der biologischen Evolution auf. Man nimmt an, daß das Leben zuerst im Wasser entstand, dann das Festland, schließlich die Luft erobert hat. Zu jeder Zeit waren die Lebewesen der natürlichen Selektion ausgesetzt. Dies bedeutet, daß heute dem Menschen von der Natur die Datenbank eines riesigen Versuchslabors angeboten wird, in dem seit drei Millionen Jahren unaufhörlich Experimente laufen.
Um einem möglichst breiten Publikum zu zeigen, nach welchen Prinzipien die Bionik vorgeht, haben wir uns entschieden, uns auf das Gebiet der mechanischen Konstruktionen zu beschränken: Fortbewegung im Wasser, Architektur, Laufen und Kriechen auf der Erde, Fortbewegung in der Luft. Für die Bionik der Information, der Energetik, der Membranen usw., alles äußerst zukunftsweisende Bereiche, wären wir ohne komplexe und langwierige Vorerklärungen nicht ausgekommen. Das hätte ein Publikum abgeschreckt, das mehr und mehr eine starke Vorliebe für Darstellungen mit zahlreichen Bildern, aber knappen Texten zeigt.

Der Technik vorgemacht: die Eroberung des Wassers

MIT FLOSSEN UND STRAHLTRIEBWERKEN

■ Flossen und elastische Ruder

Vor einigen Jahren organisierten norddeutsche Schulen, die Schiffsbauingenieure ausbilden, ein außergewöhnliches Rennen. Es galt, Wasserfahrzeuge zu konstruieren, die nur mit Muskelkraft angetrieben werden sollten — nach Art der wohlbekannten „Tretboote".

Zum Erstaunen der Zuschauer wurde dies Rennen von einem Fahrzeug gewonnen, das mit einer elastischen künstlichen Fischflosse angetrieben wurde. Dieser unerwartete Sieg machte einige Ingenieure stutzig, die sich sagten, daß der Erfolg vermutlich nicht dem Zufall zuzuschreiben sei.

Hier ist daran zu erinnern, daß die Schwanzflosse der Fische die Hauptarbeit beim Vortrieb übernimmt, die Brustflossen dagegen für die Stabilisierung der Schwimmlage und bei Richtungsänderungen wichtig sind.

Wie Werner Nachtigall* sagt, könnte man davon ausgehen, daß dies Flossenantriebssystem, das eine lebenswichtige Funktion hat, Selektionsprozessen unterworfen war, die zu einem sparsamen Energieverbrauch führten, und daß man daher bei den Fischen besonders hochentwickelte Modelle vorfindet. Der kanadische Biologe Paul Webb* gibt an, daß bei der Schwanzflosse des Lachses schätzungsweise 80 % der Energie in Schub umgesetzt werden, wogegen bei Schiffsschrauben nur höchstens 65 % genutzt werden.

Auch beim Start aus dem Stillstand ist der Initialschub erstaunlich gut. Heinrich Hertel* von der Technischen Universität Berlin hat den Blitzstart einer Forelle unter Wasser gefilmt und berechnet, daß dabei eine Beschleunigung von 5 G, das heißt der fünffachen Erdanziehungskraft, erreicht wird.

Bewegt man ein einfaches starres Ruder am Heck eines Schiffes hin und her, so bewirkt der Bewegungsstopp, der jeweils am Umkehrpunkt beim größten Ausschlag auftritt, einen Energieverlust. Die Schwanzflosse eines Fisches dagegen führt eine Art Peitschenschlag aus, da sich die Flosse relativ zum Rumpf im Gegentakt dreht.

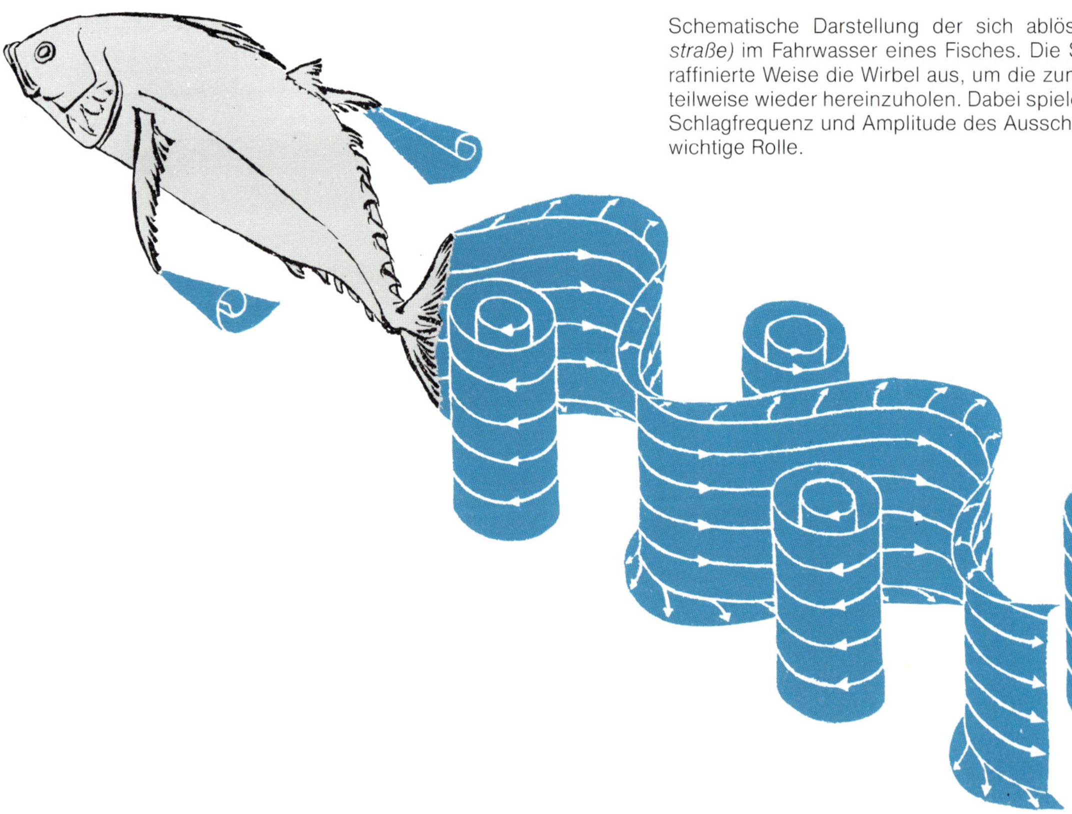

Schematische Darstellung der sich ablösenden Wirbelzeile *(Kármánstraße)* im Fahrwasser eines Fisches. Die Schwanzflosse nutzt auf ganz raffinierte Weise die Wirbel aus, um die zum Vortrieb gebrauchte Energie teilweise wieder hereinzuholen. Dabei spielen auch Nachgiebigkeit, Form, Schlagfrequenz und Amplitude des Ausschlages der Schwanzflosse eine wichtige Rolle.

B. Kresling, nach J. J. Magnuson.

Röntgenaufnahme einer Forellenschwanzflosse. Rechts, Experimentierkanal von I. Rechenberg und W. Voß im Institut für Bionik an der Universität Berlin*. Er dient zu Tests von künstlichen Antriebsflossen für Schiffe. Auf dem Bild wird gerade eine forellenschwanzförmige Flosse erprobt.

Vergleichende Anatomie, MNHN, Paris.
I. Rechenberg und W. Voß.

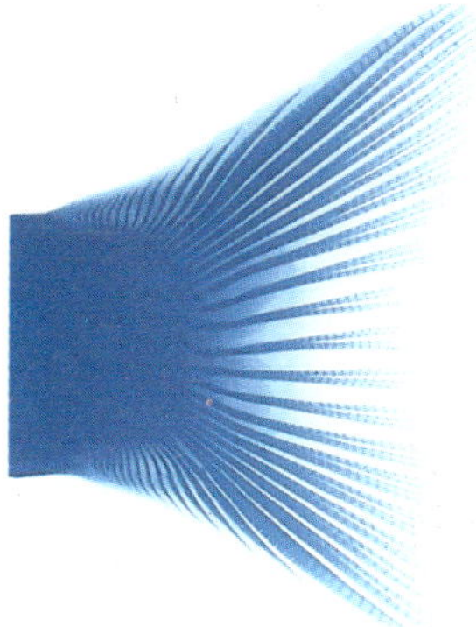

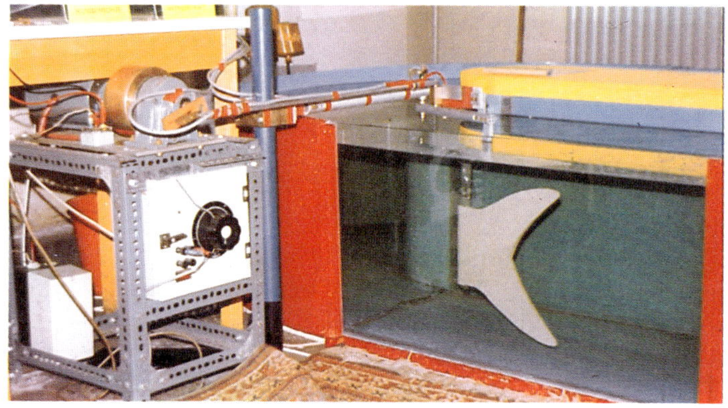

Wenn die Flosse zur Seite bewegt wird, drückt sie sich von dem beiseite geschobenen Wasser ab. Hinter dem Rumpf des Fisches, entlang der Bewegungsachse, strömt Wasser nach und bildet einen Wirbel. Die Energie dieses rotierenden Wirbels wird nun, so könnte man sich das vorstellen, teilweise wieder von der in die Gegenrichtung schlagenden Schwanzflosse für den Schub ausgenutzt. Gleichzeitig wird nun ein weiterer Wirbel auf der Gegenseite erzeugt.
Schon mehrmals hat man Vortriebssysteme für Schiffe entworfen, die die Schwanzflosse von Fischen nachahmen. Jedoch müssen noch Fortschritte gemacht werden, sowohl in der Wahl elastischer Materialien als auch in der Flossenform.

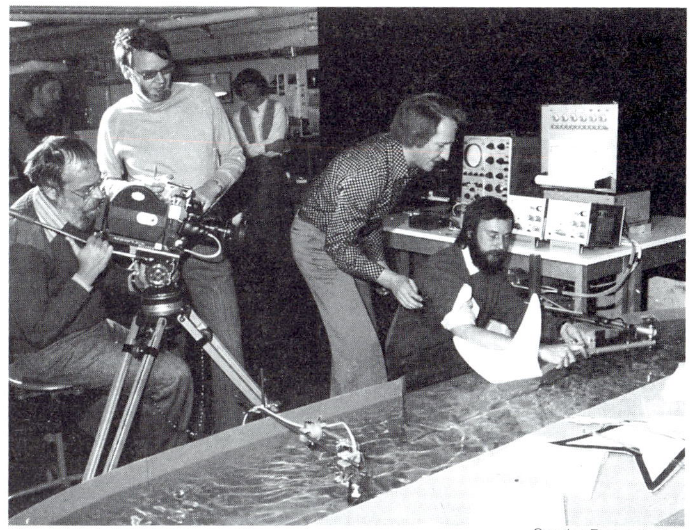

Gegenstromkanal, 1984, von W. Nachtigall und H.-P. Mees an der Universität Saarbrücken für Untersuchungen an schwimmenden Forellen. Man kann die Strömungsgeschwindigkeit, die Wassertemperatur und die Sauerstoffzufuhr regulieren. Filmkameras zeichnen gleichzeitig aus mehreren Richtungen die Bewegungen des Fischrumpfes und die Stellungen der Schwanzflosse auf.

Sender Freies Berlin.

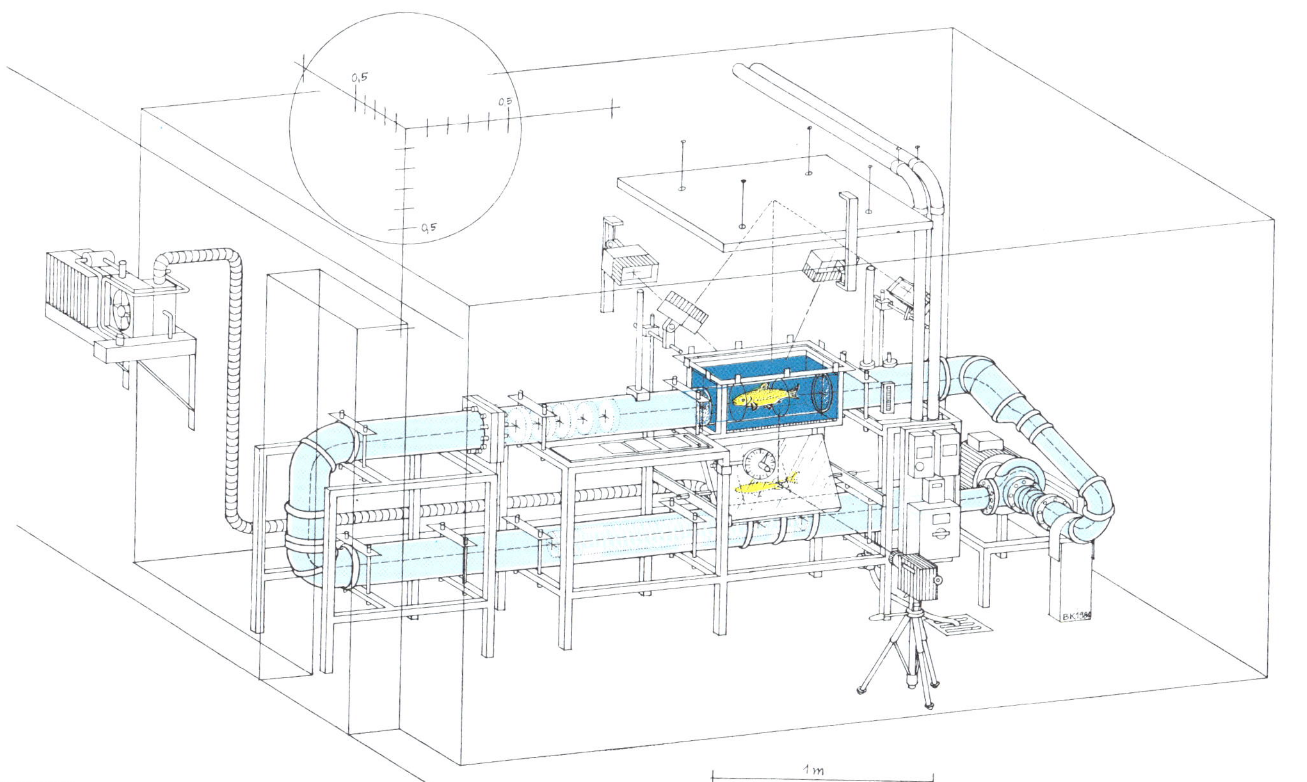

B. Kresling.

Die schnellen Schwimmer unter den Fischen, wie Thunfisch oder Makrele, haben sichelförmige Flossen. Welchen technischen Vorteil eine solche Flossenform hat, bleibt noch zu entdecken.
Vor einigen Jahren haben japanische Ingenieure an einem Tankschiff ein Antriebssystem aus künstlichen Flossen ausprobiert. Und zur Zeit arbeitet Ingo Rechenberg* an der Technischen Universität Berlin weiter an künstlichen Flossen — immer mit einem interessierten Seitenblick darauf, was das zoologische Forschungsteam um Werner Nachtigall in Saarbrücken bei Fischen herausbekommt. Dies könnte technischer Optimierung zugute kommen.

■ Vortrieb mit Rückstoß

Die Fortbewegung mit Hilfe des Rückstoßes besteht darin, ein Fluidum, das heißt eine Flüssigkeit oder ein Gas, mit einer gewissen Kraft nach hinten auszustoßen. Dieser Kraft entspricht nun eine in Gegenrichtung wirkende Schubkraft, die den Körper nach vorne treibt. Die Schubkraft, die ein Strahltriebwerk erzeugt, ist proportional zur ausgestoßenen Masse des Fluidums und zur Ausstoßgeschwindigkeit. Um die gewünschte Wirkung zu haben, muß ein gasförmiges Fluidum, um seine geringe spezifische Masse zu kompensieren, mit großer Geschwindigkeit ausgestoßen werden. Das ist bei Flugzeugen oder Raketen der Fall.

Allem Anschein nach hat die Natur keine Rückstoßsysteme entwickelt, die so effizient wäre wie die Triebwerke unserer Düsenflugzeuge. Aber auch ein Hubschrauber nutzt den Abwind unter seinen Rotorblättern, um durch den Rückstoß Schub zu erhalten. Und man kann eine gewisse Parallele ziehen zwischen einem Hubschrauber und einem Kolibri, der den Schwirrflug auf der Stelle praktiziert.
Auf alle Fälle hat die Natur mehr Erfolg im Wasser, da dessen spezifische Masse eine effektivere Fortbewegung trotz niedrigerer Ausstoßgeschwindigkeit erlaubt.
Das Prinzip des Vortriebs durch Rückstoß findet man bei im Wasser lebenden Tieren wie dem Nautilus, dem Tintenfisch, dem Kalmar, bei der Qualle, der Jakobsmuschel oder der Libellenlarve. Das Prinzip besteht darin, daß ein gewisses Wasservolumen in einem Hohlraum angesammelt und dann durch Zusammenziehen der Muskeln explosionsartig schnell durch eine oder mehrere Öffnungen (Siphons) ausgestoßen wird. Diese Öffnungen sind meistens relativ schmal, funktionieren wie Strahltriebwerke und können auch zur Richtungsänderung benutzt werden.
Das Tauchboot des Kommandanten Jacques-Yves Cousteau ist mit zwei solchen orientierbaren Düsen ausgestattet und nutzt dasselbe Antriebsprinzip wie mehrere Wassertiere, in deren Nachbarschaft es herumkreuzt. Wir können nicht sagen, ob es sich dabei um eine wissenschaftliche Nachahmung handelt oder einfach um eine Konvergenz.

Zentralbibliothek, MNHN, Paris.

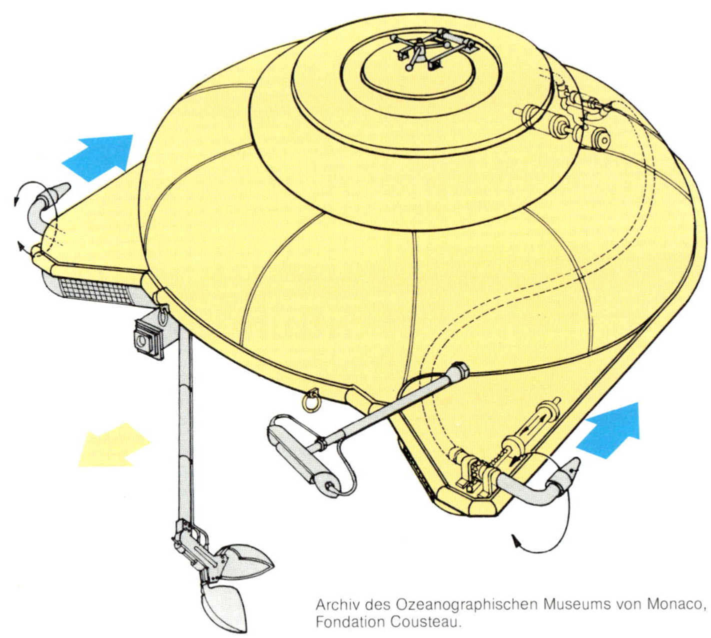

Archiv des Ozeanographischen Museums von Monaco, Fondation Cousteau.

Schwimmen nach dem Rückstoßprinzip in Natur und Technik

(*Links*) Schirmquallen, Tafel Nr. 31 aus dem Werk von E. Haeckel (1879). Die Quallen dieser Art bewegen sich durch das Zusammenziehen ihres Schirms vorwärts.
(*Darüber*) Das Tauchboot S.P. 350 des Kommandanten J.-Y. Cousteau (1959). Ein System von zwei orientierbaren Düsen ermöglicht zugleich Antrieb durch Rückstoß und Richtungsorientierung des Bootes. Äußerer Durchmesser: 2,80 Meter.
(*Rechts*) Schwimmender Nautilus, *Nautilus macromphalus,* Kopffüßler aus warmen Meeren. Der rhythmische Schwimmstil nach dem Rückstoßprinzip kommt vom pulsierenden Ausstoßen des Wassers durch den Siphon („Düse") — jeder Schwall gibt dem Tier einen leichten Pendelstoß.

MIT STRÖMUNGSGÜNSTIGEN FORMEN UND VERKLEIDUNGEN

■ Rumpfprofile zum Schnellschwimmen

Während der biologischen Evolution haben Organismen, die unter denselben Umweltbedingungen leben, auch ganz ähnliche Lösungen gegenüber den Belastungen der Außenwelt gefunden. Sind diese Lebewesen eng verwandt, setzt uns dies nicht weiter in Erstaunen. Eine solche Antwort gemeinsamen Erbguts auf identischen Selektionsdruck bezeichnen die Spezialisten der Evolution als *Parallelismus*.
Wenn es aber kein solches gemeinsames Erbe gibt, das heißt, wenn Tiere oder Pflanzen nicht miteinander verwandt sind und trotzdem ähnliche Lösungen gegenüber entsprechenden Umweltbelastungen aufweisen, bezeichnet man dies als *Konvergenz*.
Der bekannte Evolutionsforscher Ernst Mayr* meint, der Ausdruck „Alle Wege führen nach Rom" treffe sowohl für die Evolution als auch fürs tägliche Leben zu.
Die Tier- und die Pflanzenwelt sind voll mit Beispielen von Konvergenzen, eines erstaunlicher als das andere. So sehen die *Podostemonaceen*, Pflanzen, die an Felsen geklammert inmitten von Stromschnellen mancher Flüsse Äquatorialafrikas wachsen, Algen zum Verwechseln ähnlich. Dabei haben sie mit diesen Bedecktsamern nicht die geringste Gemeinsamkeit: die Botaniker stecken sie in die Nähe von Rosaceen, der Familie der Rosen und einiger Obstbäume. (Siehe dazu das Foto von den Wasserfällen des Kongo auf der Seite 87. Das rosa „Moos" auf dem Felsen im Vordergrund und die grünen „Algen" im Strom sind solche *Podostemonaceen*).
Die winzigen Gliederfüßer, die in den Zwischenräumen der Sandkörnchen von Dünen oder von unterirdischen Grundwasserzonen leben, sind ebenfalls geprägt von diesem Leben im Lückensystem. Im Laufe der Evolution bekamen sie einen wurmförmigen Körper, dank dem sie sich durch das enge Labyrinth ihrer Umwelt hindurchzwängen können. Wir haben vor ein paar Jahren eine sonderbare Milbe entdeckt, *Gordialycus tuzetae,* die im feinen Sand der Grande-Motte in der Nähe von Montpellier in Südfrankreich und im Dünensand von Namibien im Südwesten von Afrika lebt. Milben sind gewöhnlich eher gedrungene Arachniden; Zekken gehören zu dieser Gruppe. Aber *Gordialycus* ist etwa 50mal länger als breit, seine Beine sind zu Stummeln reduziert und er windet sich kriechend durch die Lücken, sein Körper ist wie der eines Wurms mit einer Art Miniaturspikes bedeckt, mit denen er sich abstößt — das Ganze ist jedoch ein Gliederfüßer! Manchmal ist es recht schwierig, ihn von Nematoden (Rundwürmern) zu unterscheiden, neben denen er lebt.
In der Tat sind die Beispiele, die uns hier interessieren, ge-

R. Catala, *Offrandes de la Mer* (1973).

nauso erstaunlich, aber dieser Vorspann war dazu bestimmt, sie in einen weiteren biologischen Zusammenhang einzugliedern, und wir werden sehen, daß sich dasselbe Konzept ebenfalls auf Technisches übertragen läßt.

Vergleicht man die schnellen Schwimmer unter den Wirbeltieren, die zu den Gruppen der Vögel, der Reptilien und der Säuger gehören, so stellt man fest, daß sie alle mehr oder weniger die Spindelform besitzen, die so charakteristisch für alle schnell schwimmenden Fische wie Thunfisch oder Makrele ist.

Im übrigen gibt es viele Leute, die den Delphin der Gruppe der Fische zuordnen. Man muß wohl zugeben, daß man eine Menge Phantasie benötigt, um dieses ungewöhnliche Säugetier in die Nachbarschaft von Wolf oder Fuchs zu plazieren. Um verstehen zu können, welchen Vorteil eine solch tiefgreifende Veränderung der Gestalt mit sich bringt, die erforderlich ist, um sich im Wasser fortbewegen zu können, müssen erst ein paar Grundbegriffe aus der Strömungsmechanik des Wassers, oder wie Physiker es nennen, der *Hydrodynamik,* erklärt werden.

Wird ein Gegenstand durchs Wasser bewegt, widersetzt sich dieses der Vorwärtsbewegung durch eine Kraft, die man *Widerstand* nennt. Dieselbe Kraft ist auch wirksam, wenn der Gegenstand ohne Eigenbewegung in die Strömung gehalten wird, und sie ihn wegzuziehen sucht. Auf diese Weise macht man übrigens Untersuchungen darüber, wie strömungsgünstig Formen von Körpern sind, die sich im Wasser oder in der Luft fortbewegen. Man setzt die Körper in ein „Fluidum“ (das flüssig oder gasförmig sein kann), dessen Strömungsverhältnisse man regulieren kann, und experimentiert dann. In Wasserkanälen und in Windkanälen kann man mit verschiedenen Methoden sichtbar machen, wie die einzelnen Strömungsschichten den Versuchskörper umfließen.

Setzt man eine Scheibe quer zu einer Strömung, müssen die Strömungslinien ganz plötzlich ihre Richtung ändern, um ihr auszuweichen. Stromabwärts, nach dem Hindernis, wo

Y. Coineau.

Konvergenz der Form von Pflanzen

Gewisse Euphorbiaceen, die man in der Wüste Namibias findet, ähneln auf verblüffende Weise Kakteen amerikanischer Wüsten, obwohl diese Pflanzen ganz unterschiedlichen Familien angehören.

Konvergenz der Form von schnellen Schwimmern

Wie es die drei schematischen Zeichnungen (*unten links*) zeigen, hängt die Größe des Widerstands vom Profil des umströmten Körpers ab (Strömung von links nach rechts).

Vögel

D. Bilo und W. Nachtigall haben anhand von Filmstreifen ausrechnen können, daß die Form eines schwimmenden Pinguins ebenso strömungsgünstig ist wie beste technische Profile. Links: Zeichnung eines Hahns. In der Mitte: Skelett und Profil eines Eselpinguins, *Pygoscelis papua,* beim Ausgleiten unter Wasser, kurz nach dem Eintauchen. Rechts: Zeichnung eines Kaiserpinguins, *Aptenodytes forsteri,* stehend.

100 %
30 %
5 %

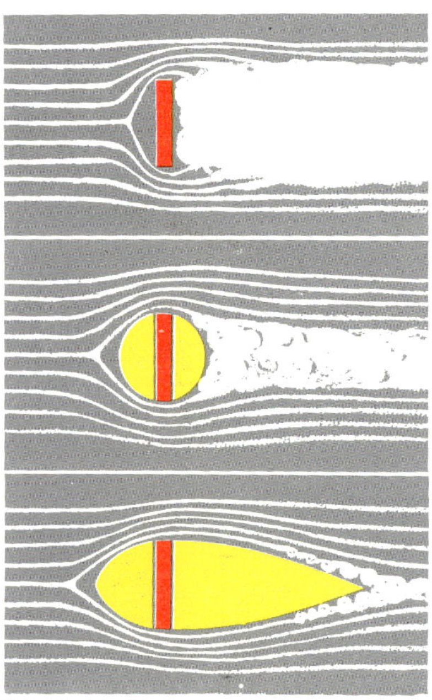

B. Kresling.

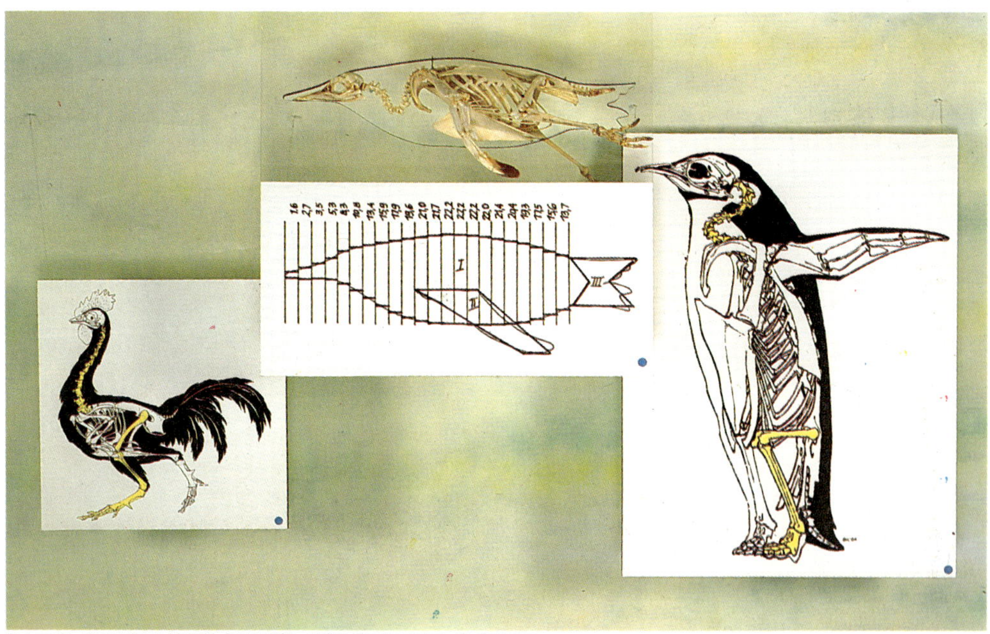

R. Landin, Ausstellung MNHN, Paris 1985–1986. Zeichnungen: B. Kresling.

Konvergenz der Form
von schnellen Schwimmern

Reptilien
Ichthyosaurier (*Stenopterygius quadriscissus* Quenstedt), fossiles Reptil aus der Liaszeit, Fund aus Holzmaden.
Paläontologie, MNHN, Paris.

Fische
Fisch mit strömungsgünstiger Rumpfform. Die dickste Stelle seines Profils befindet sich weit hinten und seine Schwanzflosse ist wie eine Sichel ausgebildet. Beide Details sind charakteristisch für schnelle Schwimmer. Makrele, *Scomber Loo* Less.
L.-F. Duperrey, *in Voyage de „La Coquille" 1822–1825*. Zentralbibliothek, MNHN, Paris.

Säugetiere
Delphin, *Stenella longirostris*. Aufgrund der vielfältigen Anpassungen des Delphins an das Milieu Wasser wurde dieses seltsame Säugetier zum bevorzugten Modell für Bionik.
J.-M. Rose.

sie nicht mehr dessen Umrissen folgen, entsteht eine starke Turbulenzzone.
Umkleidet man die Scheibe so, daß sie eine Kugelform mit demselben Durchmesser annimmt, werden die Turbulenzzone und damit auch der Widerstand deutlich verringert.
Zieht man nun die Kugel vorne und hinten in die Länge, kann man ihr eine fischähnliche Spindelform verleihen: die vordere Partie ist abgerundet; die hintere, länglichere Partie überlagert die Zone des Totwassers. Bei dieser Form wird der Widerstand drastisch verringert. Von 100 % bei der ursprünglichen Scheibe sinken hier die Werte auf 5 % ab.
Die Wassermoleküle in unmittelbarer Berührung mit dem Körper bilden eine unbewegliche Schicht, wogegen das Wasser in etwas weiterer Entfernung von der Wand mit einer bestimmten Geschwindigkeit strömt. Der Übergang von der Geschwindigkeit Null in Wandnähe zur normalen Strömungsgeschwindigkeit erfolgt schrittweise. Man könnte sich das etwa so vorstellen: wie ein Papierblock, dessen Blätter übereinander gleiten können. Das äußerste Blatt gleitet schneller als das Blatt auf der Wandseite. Die Übergangszone nennt man *Grenzschicht*.
Geht dieses Übereinandergleiten ohne Störung vor sich, nennt man die Strömung *laminar*.
Findet in der Grenzschicht jedoch eine sehr starke Verwirbelung statt, spricht man von *turbulenter* Strömung. Das Auftreten von Turbulenzen erhöht deutlich die Reibung zwischen dem Wasser und der Wand.
Ein geringer Widerstandswert wird dann erreicht, wenn es gelingt, auf einer möglichst großen Strecke die Strömung um den Körper laminar zu halten.

Die Tastversuche der Evolution haben dazu geführt, daß die schnellen Schwimmer alle eine ganz ähnliche Form angenommen haben. Ihre Form ist nicht so simpel wie die eines Weberschiffchens. Beim Delphin, Thunfisch und Hecht kann man feststellen, daß der größte Durchmesser erstaunlich weit hinten liegt, und daß ab dieser Stelle der Körper schnell spitz zuläuft. Die Strömung bleibt bis zur dicksten Stelle laminar, ziemlich weit hinten also, und wird erst dort turbulent, wo der Körper sich auf sehr kurzer Strecke verjüngt.

Das Tier bringt auf diese Weise in einer solchen Umrißform ein maximales Volumen, vor allem von Muskeln, unter und erzeugt beim Vorwärtsschwimmen nur einen geringen Widerstand.

H. Hertel hat gezeigt, daß das Profil eines Thunfisches sich auf erstaunliche Weise mit einem Laminarprofil größten Volumens NACA 67-21 deckt, wenn man beide übereinander zeichnet. Er hat vorgeschlagen, die üblichen zigarrenförmigen Rümpfe großer Transportflugzeuge durch bauchigere zu ersetzen, ähnlich denen von schnellen Schwimmern.

■ Auf die Haut kommt's an

Die Delphinhaut

Der Delphin erreicht beim schnellen Schwimmen die Spitzengeschwindigkeit von 64 Stundenkilometern. Mit dem beinahe ideal stromlinienförmigen Profil seines Rumpfes allein ließe sich aber diese erstaunliche Leistung nicht erklären. Denn wenn man ein maßstäbliches Delphinmodell hinter einem schnellen Boot ins Schlepptau nimmt, muß man eine solche Kraft aufbringen, daß man die dazu nötige Muskelmasse nicht im Volumen des Modells unterbrächte. Das Bild von Popeye's Muskelpaketen erinnert uns daran, daß es eine direkte Beziehung zwischen dem Durchmesser eines Muskels und seiner Kraft gibt. Die zu solchen Spitzengeschwindigkeiten benötigten Muskelmassen kämen also in der Hüllform des Delphins nicht unter. Diese verblüffende Feststellung erhielt den Namen „Graysches Paradox".

Max O. Kramer*, ein deutscher Ingenieur, der als Fachmann der Strömungsmechanik in den Vereinigten Staaten arbeitete, dachte, daß des Rätsels Lösung wahrscheinlich in der Berührungszone von Delphinkörper und Wasser läge. Bei näherer Untersuchung der Delphinhaut zeigte sich, daß sie eine besondere Struktur besitzt, die Kramer als visco-elastische Dämpfungsschicht interpretierte.

Diese Haut setzt sich aus drei Schichten zusammen:

— eine glatte, dünne und nachgiebige äußerste Schicht an der Oberfläche, die Oberhaut oder *Epidermis*;

— eine mittlere Schicht aus schwammigem Gewebe, dessen Zwischenräume mit Wasser vollgesogen sind;

— eine tiefergelegene und feste Schicht, die Unterhaut oder *Dermis*, die mit mehr oder minder regelmäßigen, auf Längsrillen aufgereihten Zäpfchen in die Schwammschicht reicht.

Wenn nun die Strömung entlang des Körpers in Wandnähe turbulent zu werden beginnt, entstehen Vibrationen, die sich als örtliche Druckänderungen auswirken. An der Druckstelle gibt die äußere Schicht nach, dellt die schwammige Gewebeschicht ein und drückt die dort angesammelte Flüssigkeit in alle Richtungen weg. Läßt der Druck der Vibration dann wieder nach, strömt die Flüssigkeit zurück, wobei sie aber von den Zäpfchen aufgehalten wird. Die Epidermis folgt also nicht dem Rhythmus der Schwingungen. Dieses als visco-elastisch bezeichnete Dämpfungssystem verhindert das Aufschaukeln von Turbulenzen, die eine Bremswirkung hätten.

Kramer hat das Prinzip dieses Systems in die Technik übertragen und eine turbulenzdämpfende Verkleidung für Unterwasser-Fahrzeuge entwickelt. Die künstliche Delphinhaut besteht aus zwei Hüllschichten aus Gummi. Zwischen ihnen sind Reihen von kleinen zylindrischen Gumminoppen immer versetzt angeordnet. Sie halten die äußeren Schichten auf Abstand, so daß zwischen ihnen eine Flüssigkeit geeigneter Zähigkeit zirkulieren kann.

Kramer brachte diese künstliche Haut auf einen torpedoförmigen Versuchskörper auf und erreichte bei hohen Geschwindigkeiten eine beträchtliche Senkung der Widerstandswerte gegenüber Versuchswerten, die er an demselben nichtverkleideten Körper gemessen hatte. Die von ihm erreichte Verbesserung um 250 % ist im Rahmen technischer Fortschritte ungewöhnlich.

Um diese Entdeckung wirtschaftlich auszubeuten, gründete Kramer dann zusammen mit Coleman eine Gesellschaft in Los Angeles: die *Coleman-Kramer Company,* die diese Wunderverkleidung unter der Warenbezeichnung *Laminflo* hergestellt hat. Zu Beginn der 60er Jahre machte die ganze Geschichte in der Weltpresse viel von sich reden, dann umgab aber geheimnisvolles Schweigen die weitere Entwicklung. Man könnte sich vorstellen, daß die Marine sich an der Erfindung besonders interessiert gezeigt hat, weil sich damit Einiges bei U-Booten verbessern ließe: höhere Fahrgeschwindigkeit und größere Reichweite, ohne Steigerung der Drehzahl der Schiffspropeller. Das bedeutet auch, daß man immer unter der kritischen Schwelle der sogenannten Kavitation (eine Art geräuschvolles Brodeln des Wassers um den Propeller) bleibt; dann kann das U-Boot mit der Gummihülle der feindlichen Radar-Kontrolle entgehen usw. Sicherlich muß man dem zur Schweigsamkeit verpflichteten „TOP SECRET" noch die Schwierigkeiten hinzufügen, auf die die Strömungstechniker stießen, denn, so sagt Claude Delouis (1978)*: „Obwohl gewisse Ergebnisse sehr interessant schienen, war die Theorie über Strömungsverhältnisse an nachgebenden Wänden noch nicht genügend weit fortgeschritten, als daß sie die Entwicklung wirksam zur praktischen Anwendung hätte lenken können. Heute wird diese Forschung in mehreren Ländern, vor allem in England, weitergeführt.

Forelle blau

Gegen Ende des Zweiten Weltkrieges machten die Techniker des Arsenals von Edgewood in den Vereinigten Staaten Testversuche mit Benzin, dem sie zur Verdickung Alumin-Seife zugesetzt hatten. Zu ihrem größten Erstaunen floß dieses geleeartige Benzin in den Rohren nicht, wie erwartet, langsamer, sondern sogar schneller als normales Benzin. Zur Erklärung stellten sie damals mehrere Hypothesen auf. Dann veröffentlichte B. A. Toms 1949 die ersten systemati-

Ein * Sternchen kann auf die biographischen Notizen, die Literaturhinweise oder auf das Stichwortverzeichnis am Ende des Buches verweisen.

Museum für Luft- und Raumfahrt, Le Bourget.

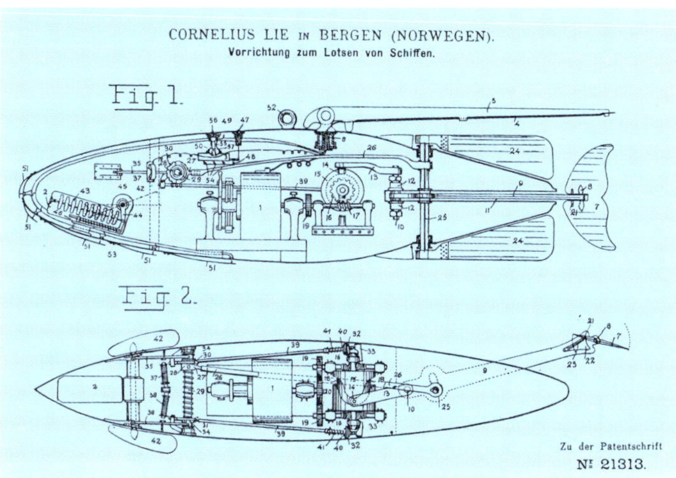

Patentamt (INPI), Paris.

Die strömungsgünstige Form von Fischen als Modell für die Technik

(*Oben*) Das Flugzeug *Aérotorpille* von V. Tatin und L. Paulhan (1911) hat die Rumpfform eines schnellschwimmenden Fisches und wird auch durch einen am Heck und nicht vorne montierten Propeller angetrieben.
(*Darunter*) Mechanischer Pilotfisch zum Lotsen von Schiffen. Patent des Norwegers Cornelius Lie (1905).

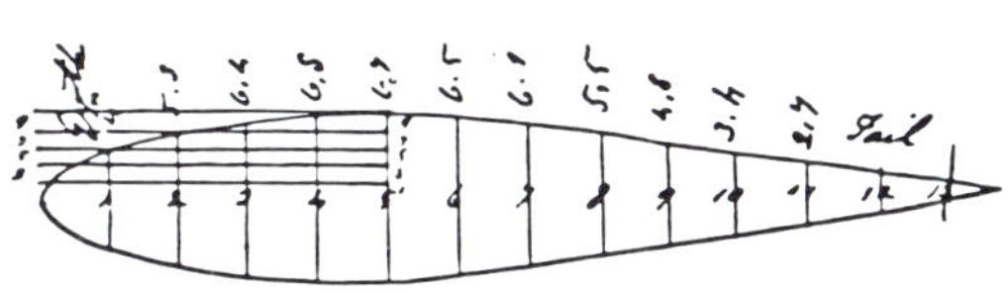

Profil einer Forelle als Vorbild für eine ideale Rumpfform. Historisches Dokument von Sir George Cayley (1809). Er schnitt eine gefrorene Forelle in regelmäßige Scheiben und notierte deren Abmessungen auf dieser schematischen Zeichnung.

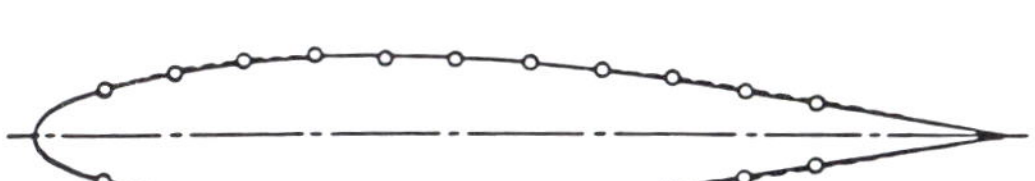

Modernes Flügelprofil NACA 63 A 016, mit geringem Widerstand, über das Profil von Sir George Cayleys Forelle gezeichnet. Diese erstaunliche Parallele wurde von T. von Kármán entdeckt und war einer der Diskussionspunkte während des ersten Bionikkongresses in Dayton im Jahre 1960.

Dokumente: H. Hertel.

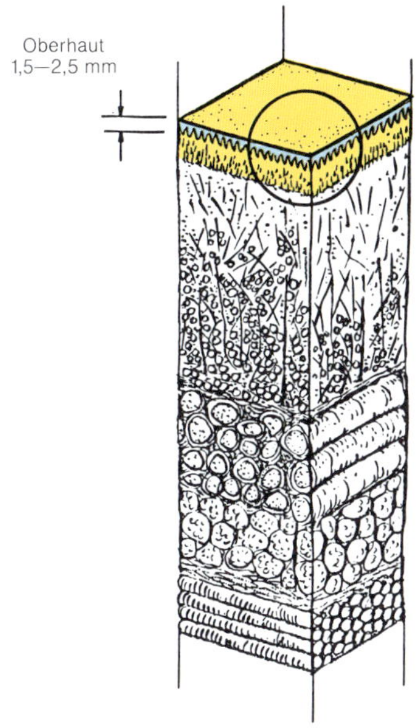

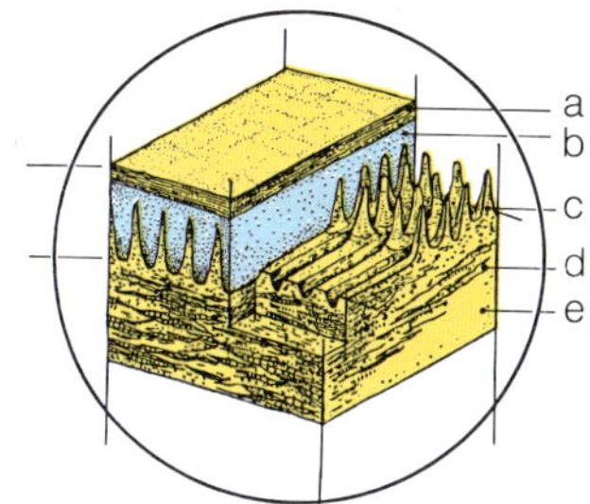

Blockdiagramme der Haut eines Delphins
a. Stratum externum, b. Stratum internum, schwammige Schicht, c. zapfenförmige Hautpapillen, d. Dermis, e. Hypodermis (Unterhaut).
Das Ganze wirkt als visco-elastisches Dämpfungssystem.

B. Kresling, nach Kramer (1960) und Surkina (1973), verändert.

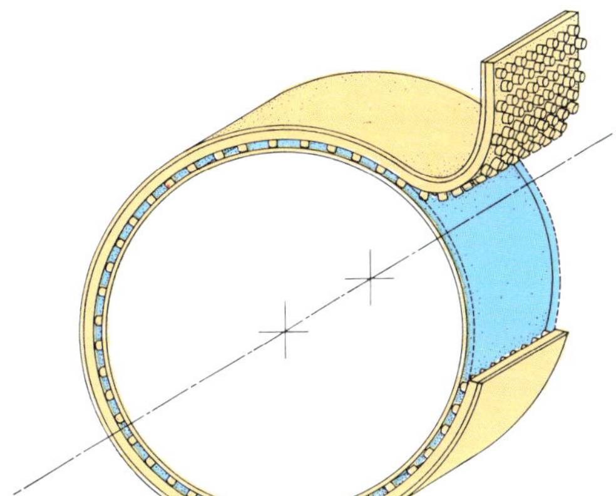

B. Kresling.

Die Delphinhaut als Modell für eine Rumpfverkleidung

Detail des torpedoförmigen Testkörpers, mit einer künstlichen Delphinhaut, *Laminflo,* überzogen. Patent von Max O. Kramer (1960). In der Haut des Delphins ebenso wie in dieser künstlichen Delphinhaut zirkuliert eine unter einer elastischen Deckschicht eingeschlossene Flüssigkeit. Ihre Fließgeschwindigkeit wird von einer Serie von Hindernissen verringert (Hautpapillen, Gumminoppen, federnde Abstandshalter). Die Fotografie der O.N.E.R.A zeigt ein ähnliches physikalisches Phänomen.

O. N. E. R. A., Châtillon (Frankreich).

Carl Brenders / Hachette.

Bestimmte schnellschwimmende Fische wie Barrakuda, Forelle, Hecht (*oben*) sondern einen Hautschleim aus, der die Turbulenzen bei starkem Beschleunigen vermindert.
(*Links*) „Forelle blau". Die geleeartige blaue Schicht ist in Wirklichkeit der beim Kochen geronnene Hautschleim.

J.-M. Baufle. Zubereitung: Chefkoch des MNHN, Paris.

schen Forschungsergebnisse, die bewiesen, daß es möglich ist, den durch die Reibung zwischen einer Flüssigkeit und einer Wand verursachten Verlust (Verminderung des hydrodynamischen Widerstands) dadurch zu verringern, daß man der Flüssigkeit Polymere zusetzt. (Ein Polymer ist ein Riesenmolekül aus mehreren identischen Molekülen). Diese Erscheinung wurde nach seinem Entdecker „Toms-Effekt" genannt.
Aus diesen Arbeiten ging hervor, daß jede Substanz, die aus Kettenmolekülen mit großem Molekulargewicht besteht, den hydrodynamischen Widerstand zu senken vermag. Die bis jetzt wirksamste Substanz ist das Polyoxid-Äthylen, das man im Handel unter der Bezeichnung *Polyox* erhält. Im übrigen ist dieses Polymer nur bei verschwindend kleinen Konzentrationen wirksam (0,03 Gramm Polyox auf einen Liter Flüssigkeit); die Wirksamkeit verringert sich und verschwindet sogar völlig, je höher die Konzentration der Dosis wird. Unter anderem denkt man, so formulieren es einige Hypothesen, daß sich die Riesenmoleküle in der Flüssigkeit in nächster Nachbarschaft zur Wand verstreut vorfinden. In Ruhestellung bleiben sie zusammengeknäuelt. Beim Vorbeiströmen des Wassers aber zieht jeder Vortex, jeder kleine Wirbel, dieses makromolekulare Knäuel auseinander und in die Länge. Dem Wirbel wird dabei Energie entzogen, und alles geht so vor sich, als ob die Zähigkeit örtlich erhöht wäre und die Turbulenzen wegdämpfte.
Die Feuerwehren von New York nutzen dieses Prinzip. Durch Zumischung von 200 p.p.m. (Teile pro Million) von Polyoxid-Äthylen zum Löschwasser erhöhen sie die Reichweite ihrer Spritzen um 50 %. Und ein Spritzschlauch läßt in derselben Zeiteinheit 10 % mehr Löschwasser durch.
Erst zwei Jahrzehnte später haben Biologen entdeckt, daß

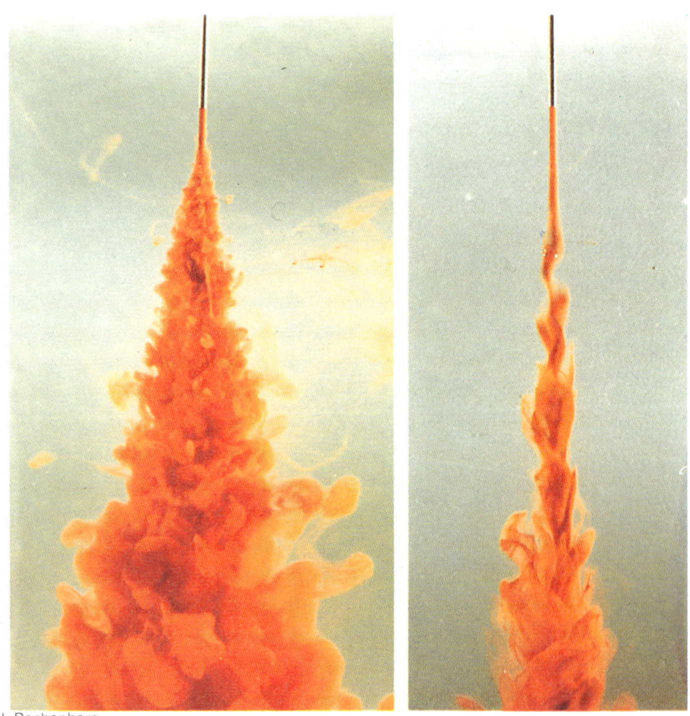

I. Rechenberg.

Bestimmte Polymere wie das Polyoxid-Äthylen oder, in der Natur, der Schleim der Forelle, können Wasser buchstäblich „schmieren". Der Behälter links enthält gewöhnliches Wasser, der Behälter rechts Wasser, dem Polyoxid-Äthylen zugesetzt wurde. Im rechten Behälter fließt die rote Farbspur deutlich regelmäßiger.

auch der Schleim der meisten Fische eine widerstandsverringernde Wirkung haben kann. Die Mucopolysacchariden, aus denen er sich zum Teil zusammensetzt, sind ebenfalls sehr lange Kettenmoleküle mit derselben Wirkung wie das Polyox. Beim Durchtesten verschiedener Fischschleime stellte sich heraus, daß der Barrakuda *Sphyraena argentea,* ein schneller Raubfisch des Pazifischen Ozeans, den wirksamsten absondert.

Auch der Schleim der Forelle ist hochgradig effizient. Bei der Zubereitung von „Forelle blau“ bildet er den bläulich durchschimmernden Überzug. Er gerinnt im Kochwasser, dem man einen großen Schuß Essig zugesetzt hat. M. W. Rosen und N. E. Cornford* (1971) haben festgestellt, daß der dem ruhenden Wasser zugesetzte Fischschleim sich nicht mit diesem mischte. Sie nannten diese Eigenschaft *Reluktanz.* Stark geschüttelt lösten sich die meisten Schleime jedoch im Wasser auf.

Die beiden Forscher haben daraufhin folgende Hypothese aufgestellt: wenn der Fisch langsam schwimmt, ist die Strömung entlang seines Körpers nicht turbulent, und die Reluktanz verhindert eine Auflösung seines Schleimkleides. Wenn der Fisch dagegen einen kurzen Sprint einlegt, weil er einer Beute nachjagt oder einer Gefahr zu entgehen sucht, neigt die Strömung dazu, turbulent zu werden. Durch diese Bewegung wird die Reluktanz des Schleims überwunden, eine kleine Menge löst sich im Wasser auf und verringert den Widerstand. Wenn nun der Fisch schnell schwimmt, ist sein Körper in eine dünne Schicht stark aufgelösten Schleims eingehüllt, die alle Wirbelbildung unterbindet und den Reibungswiderstand drastisch senkt. Der Fisch erhöht seine Schwimmleistung, verbraucht aber nur eine kleine Menge organischer Materie. Diese Theorie von der möglichen Wirkungsweise des Fischschleims erinnert ganz an die feste, aber lösliche Polymerverkleidung, von der C. Delouis andeutungsweise sagt: „Es handelt sich hier um Stoffe, die sich tatsächlich fortschreitend auflösen und in der Übergangsschicht wirksam werden.“ Ingo Rechenberg hat mit einem Lack experimentiert, dessen Wirkungsstrecke hundertmal größer als die Länge des damit behandelten Schiffskörpers ist.

All diesen Beispielen ist gemeinsam, daß es darum geht, den Strömungswiderstand zu senken. Die synthetisch hergestellten Polymere und der natürliche Fischschleim zeigen uns eine bionische Vorgehensweise, die sich von der der künstlichen Delphinhaut unterscheidet. Dort war das natürliche Modell untersucht und dann in die Technik übertragen worden. Im Fall des Fischschleims aber hat der Mensch sozusagen eine offene Tür eingerannt, da die Entdeckung des natürlichen Modells erst nach der technischen Ausführung stattfand.

Zur Zeit verfolgt man die Forschungen über Fischschleim weiter, so zum Beispiel am Institut für Bionik in Berlin. Die Untersuchungen des nachträglich entdeckten natürlichen Modells werden vielleicht zu einer Verbesserung bei der Zusammensetzung und in der Anwendung synthetischer Polymere führen.

MIT TECHNISCHEN TRICKS: DAS WUNDERTIER DELPHIN

Unser Kapitel über Systeme, die an die Welt unter Wasser gebunden sind, werden wir mit einem Blick auf die besonders auffallenden technischen Besonderheiten beschließen, die uns der Delphin bietet.

■ Eine turbulenzdämpfende Haut

Wie wir nun schon wissen, besitzt die Haut des Delphins eine besondere Struktur, ein sogenanntes visco-elastisches Dämpfungssystem, das die bei Spitzengeschwindigkeiten im Schwimmen entstehenden Turbulenzen entlang des Tierrumpfes wegdämpft. Die künstliche Delphinhaut, die Max O. Kramer dem natürlichen Modell nachbaute, ist wohl eines der klassischsten Beispiele bionischen Vorgehens.

■ Eine strömungsgünstige Rumpfform

Die besonders günstig ausgebildete Rumpfform des Delphins hat H. Hertel dazu angeregt, verschiedene Neuerungen im Flugzeugbau vorzuschlagen.

Der Delphinkörper ist ein Beispiel für ein sogenanntes *Laminarprofil,* einen Körper maximalen Volumens, um den die Wasser- oder Luftströmung beinahe ideal laminar, das heißt fast frei von Turbulenzen bleibt. Die Form des Delphins spricht für die Güte von Rumpfformen, die schnell nach hinten zulaufen. Sie umschließen ein großes Volumen, erzeugen dabei aber nur einen geringen Widerstand.

Auf dieser antiken griechischen Trinkschale des Malers Exekias aus dem 6. Jh. v. Chr. sieht man den Gott Dionysos auf einem Segelschiff. Die Form des Schiffskörpers ist den Umrissen der Delphine ähnlich . . .

Staatliche Antikensammlung, München.

Das Antriebssystem des Delphins, seine Schwanzflosse, befindet sich ganz hinten, in der Turbulenzzone. Und obwohl die Flosse wesentlich zur Beschleunigung beiträgt, verwirbelt sie nicht die über den größten Teil des Tierrumpfes laminar bleibende Strömung. H. Hertel, der dies bemerkt hatte, machte daher den Vorschlag, die Triebwerke weit nach hinten ans Heck zu verlegen, so daß die Umströmung des Rumpfes laminar gehalten werden kann.

■ Stirn und Blasloch

Die Morphologie eines im Wasser lebenden Tieres kann sich nicht ausschließlich an den Forderungen guter Strömungsanpassung ausrichten. Gewiß muß sich das Tier mit so wenig Energie als möglich fortbewegen, aber diese Energie muß es zuvor auch gewinnen, es muß sich ernähren und atmen. So hat sein Körper Vorsprünge, Buckel, Dellen (Augen, Nasenlöcher, Mund) und weicht damit von der idealen Stromlinienform ab.
Auch Flugzeugkonstrukteure müssen derartige Probleme lösen. Die Piloten müssen beispielsweise die Piste beim Landen genügend gut einsehen können, wofür die Konstrukteure der Concorde schließlich eine der Funktionen des Halses wiedererfunden haben: die ganze Kanzel wird, wenn das Flugzeug zur Landung leicht angestellt die Piste anfliegt, nach vorne geneigt.
Der Kopf des Delphins hat zwei Unebenheiten, die seine ideale Stromlinienform stören: die stark vorgewölbte Stirn, und gleich dahinter, die Öffnung zum Atmen, das *Blasloch.* H. Hertel hat herausgefunden, daß die Vertiefung des Blasloches die Störung durch die aufgewölbte Stirn wieder korrigiert. Er hat daraufhin vorgeschlagen, hinter der Pilotenkanzel eine ähnliche Vertiefung zu machen, um die durch die vorspringende Form der Kanzel verursachten Turbulenzen aufzuheben.

■ Die Schwanzflosse

Jeder kennt die Flossen, mit denen Taucher schwimmen. Schwimmen mit Flossen ist auch eine Wettkampfdisziplin. Die Wettkämpfe finden entweder im freien Wasser oder im Becken statt, viele sind normalen Schwimmwettkämpfen vergleichbar. Bis zum Ende der 60er Jahre traten die Wettschwimmer mit kleinen handelsüblichen Flossen an. Von 1970 bis 1977 schwammen sie mit bis zu 70 cm langen glasfaserverstärkten Flossen. Gleichzeitig entwickelte sich auch das Schwimmen mit der sogenannten *Monoflosse,* bis dann neue Wettkampfvorschriften auch diese Art von Flossen offiziell zuließen. Ab 1977 wurden mit der Monoflosse alle Weltrekordzeiten im Flossenschwimmen mehrmals verbessert.
Der erste, der diesen Flossentyp benutzte, war der sowjetische Schwimmer Uspenski. Er machte 1968 einen Rekordversuch auf 40 m unter Wasser. Zwei Jahre später verbesserte seine Landsmännin Turukalo mit einer weiterentwickelten Monoflosse gleich mehrere Weltrekorde. Die Verwendung neuer Materialien brachte auch eine Umgestaltung der Monoflossen mit sich. Seit 1977 tendieren sie zu

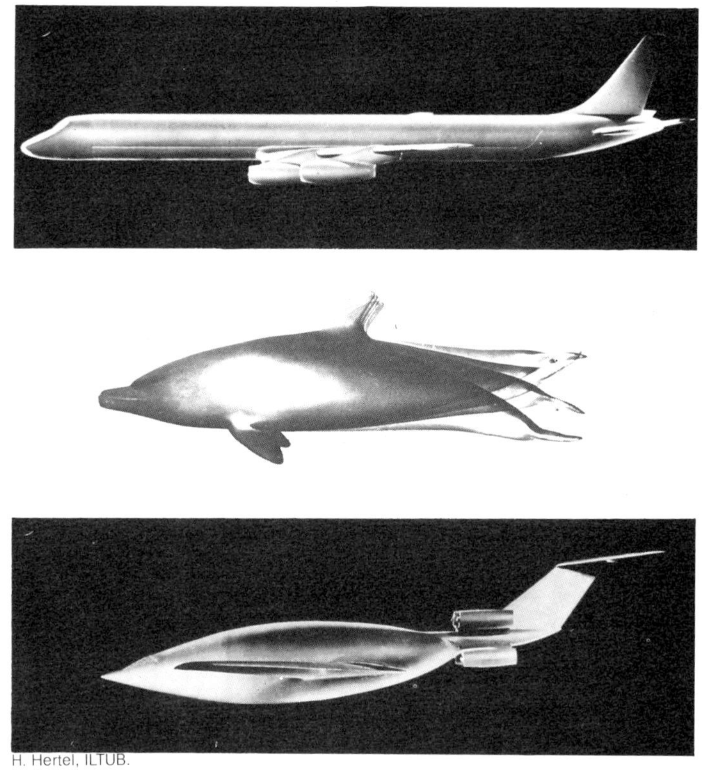

H. Hertel, ILTUB.

Projekt eines Flugzeuges mit sogenanntem *Laminarprofil* nach dem Vorbild des Delphins. Oben: klassisches Flugzeug mit zylindrischem Rumpf, eine DC 8. In der Mitte: Delphinmodell aus Silikonkautschuk für Strömungstests. Unten: Flugzeug mit Laminarprofil, Projekt von H. Hertel, P. Thiede, K. Affeld, G. Clauss vom Institut für Luftfahrttechnik der TU Berlin (1966—1969).

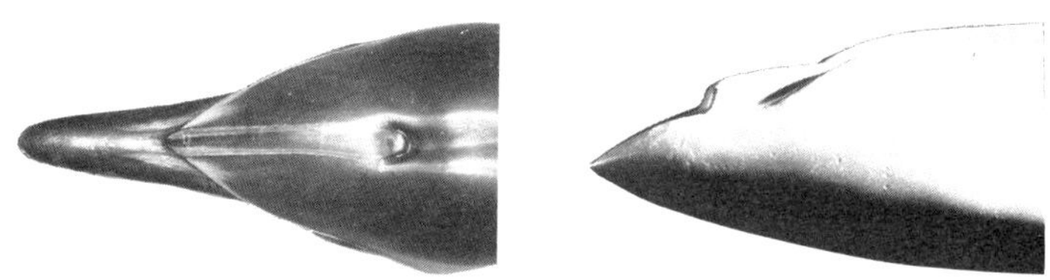

A. Gordon, Vergleichende Anatomie, MNHN, Paris, und H. Hertel.

Eine Vertiefung hinter der Flugzeugkanzel kann die durch das vorspringende Hindernis verursachte Störung der Strömung korrigieren. Projekt von H. Hertel, das auf seinen Beobachtungen über die Formen von Stirn und Blasloch beim Delphin basiert (1969).

Dank ihrer außergewöhnlich kräftigen Schwanzflosse können Wale und Delphine solche phantastischen Sprünge machen wie hier der Delphin, *Tursiops truncatus,* den die Mannschaft des Kommandanten Cousteau von der Calypso aus aufnahm (rechte Seite). Die Monoflosse, nach dem Vorbild des Blauwals, wurde von französischen Schwimmern entwickelt und getestet (1980).

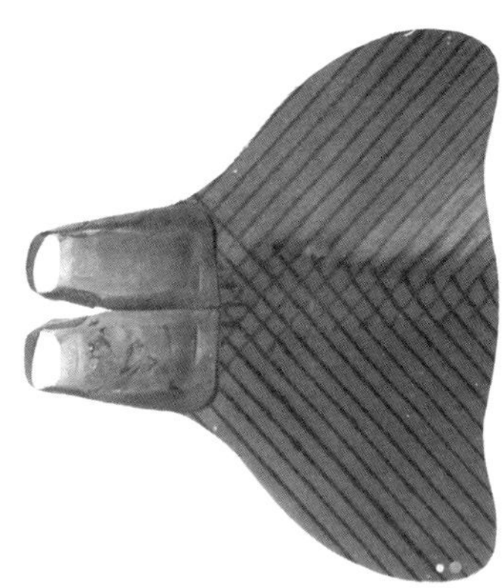

Fédération française des Activités subaquatiques, Paris.
Delphin auf der rechten Seite: Fondation Cousteau.

einem kürzeren und breiteren Zuschnitt und nähern sich damit immer mehr der Form von Delphinschwanzflossen.
Das Schwimmen mit einer Einflosse ist dem Schwimmstil von Cetaceen (Delphin, Blauwal) ganz ähnlich. Die Arme werden nicht zum Vortrieb genutzt. Sie werden nach vorne gestreckt oder am Körper angelegt und tragen zu einer besseren Stromlinienform des Schwimmers bei. Er hält den Kopf unter Wasser und atmet mit einem Schnorchel.
Der Hauptunterschied liegt darin, daß der Delphin sich durch den Aufschlag der Schwanzflosse vorwärtstreibt, wozu er eine sehr kräftige Rückenmuskulatur besitzt, wogegen der Mensch den wirksamen Impuls über den Abschlag der Einflosse abgibt, wobei hauptsächlich die vorderen Muskeln der Oberschenkel arbeiten. Obwohl die Flossenblätter in ihrer Gestaltung mit Versteifungsstreifen und mit verschiedenen Dicken technisch recht ausgeklügelt erscheinen, sind die Einflossen verglichen mit Delphinschwanzflossen jedoch fast als primitiv zu bezeichnen. Beim Abschlag ist die Delphinflosse flexibel, gibt dem Wasserdruck nach, so daß sie leicht bis zum tiefsten Punkt geführt werden kann, beim Aufschlag aber breitet sie sich voll und steif aus und treibt den Delphin mit maximaler Kraft vorwärts.
Wie dem auch sei, hebt sich die neue Technik gegenüber dem alten Schwimmstil mit zwei Flossen so deutlich ab, wie sich etwa der Stabhochsprung vom gewöhnlichen Hochsprung unterscheidet. Daß dieser Vergleich nicht übertrieben ist, macht folgende Tabelle deutlich:

— 100 m	klassischer Freistil (August 1988)......	48″42
— 100 m	Flossen, an der Wasseroberfläche (mit Drucklufttauchgerät)	38″5
— 100 m	Flossen, unter Wasser (mit angehaltenem Atem)	35″5
	Absoluter Rekord auf 50 m mit angehaltenem Atem.......................	15″4
	d. h. 11 km/h mit Spitzengeschwindigkeiten von 13 km/h.	

Wärmeaustauscher im Gegenstrom

Bei den Cetaceen wird die Wärme des arteriellen Blutes nicht durch die Wände der nur schlecht isolierten Flossen abgegeben, sondern vom venösen Blut, das sich an der Körperoberfläche abgekühlt hatte, beim Zurückströmen ins Körperinnere aufgenommen. Das in Gegenrichtung zirkulierende venöse Blut verhindert somit Wärmeverluste nach außen. Dieser Wärmeaustauscher erlaubt es unter anderem den im Wasser lebenden Säugetieren, ihre hohe innere Körpertemperatur konstant auf 36 °C zu halten, und das, obwohl sie in einer Umgebung mit hoher Wärmeleitfähigkeit leben (Wasser ist viel leitfähiger als Luft), wo normalerweise ständig Wärme verlorenginge.
Viele Heizungsinstallationen funktionieren mit Wärmeaustauschsystemen nach demselben Prinzip. So können zum Beispiel die sehr heißen Abgase zur Vorwärmung der Luft für den Heizkessel dienen. Die Wärme, die sonst verlorenginge, wird auf diese Weise zum Teil wieder genutzt.

Echoortung

Die Echoortung der Cetaceen oder, wie die Technik es nennt, das *Sonar (Sound Navigation and Ranging)* haben Wissenschaftler erst nach dem Zweiten Weltkrieg entdeckt. Der Delphin nutzt es zur Orientierung oder zur Ortung von entfernten Gegenständen, indem er das Echo seiner eigenen Lautsignale wieder abhört. Die Sonarsignale bestehen aus kurzen, 1 bis 2 Millisekunden dauernden Impulsen, deren Frequenzen, beim Delphin *Tursiops* beispielsweise, von 4 bis 170 Megahertz reichen. Diese Impulse können in einem langsamen Rhythmus ausgesandt werden (einige Dutzend pro Sekunde) oder aber sehr schnell (einige hundert pro Sekunde). Im ersten Fall bilden sie einen breiten Kegel (gelb auf der Schemazeichnung) mit großer Reichweite (350 Meter), der dem Tier zur Erforschung seiner Umwelt dient. Im zweiten Fall wird ein schmales Signalbündel mit nur kurzer Reichweite ausgesandt (rot auf der Schemazeichnung). Dieses erlaubt dem Tier wiederum eine sehr präzise Ortung einer Beute und gibt ihm sogar qualitative Auskunft über Größe und Beschaffenheit derselben. Das Sonar der Delphine ist ein sechster außerordentlich genauer Sinn, dem er ein ebenso vollständiges und detailliertes geistiges Bild verdankt, wie es sonst der Gesichtssinn liefert.
Einen fundamentalen Unterschied gibt es jedoch zwischen biologischen und technologischen Systemen. Das Tier geht qualitativ und subjektiv vor: es beschränkt sich darauf, eine gegenwärtige Situation mit vergangenen, im Gedächtnis behaltenen Situationen zu vergleichen. Im Gegensatz dazu sind in technologischen Systemen (jedenfalls in jüngster Vergangenheit) die Entscheidungskriterien quantitativ. Werden wir auf diesem Gebiet einst die Errungenschaften der Natur übertreffen können? Das ist gar nicht so sicher.

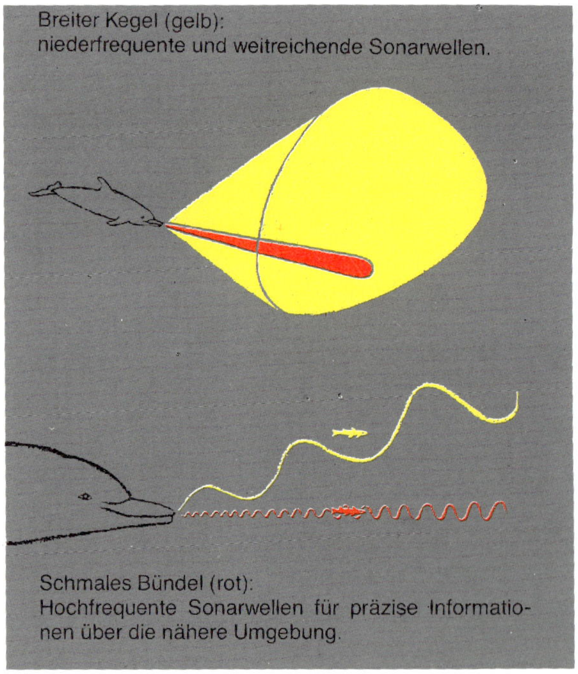

Architekten und Ingenieure in der Schule der Natur

WOMIT DIE NATUR BAUT

■ Die Bienenwaben

Die Struktur von „Waben“ wird oft als Zwischenschicht bei modernen Leichtbautafeln verwendet. Man bezeichnet diese Tafeln auch als *Sandwich-Panels.* Sie werden aus einer zu einem Wabenmuster ausgezogenen Schicht und zwei dünnen Deckblättern hergestellt. Zwei Scheiben mit Füllung, daher die Bezeichnung. Man verwendet sie ihrer großen Leichtigkeit und hohen Festigkeit wegen besonders in der Luft- und Raumfahrttechnik.

Das ausgeglichene Verhältnis von Wirkung und Wirtschaftlichkeit, das man überall in der Natur antrifft, ist bei Wabenstrukturen besonders ausgeprägt. Leichtigkeit verbunden mit sparsamem Materialverbrauch ist für Hautflügler (Wespen und Bienen) beim Nestbau die Regel.

In seinem Buch *Tiere als Baumeister* zeigt Karl von Frisch den Vorteil, den die sechseckige Wabenform unter diesem Aspekt betrachtet hat: „Wie sehen nun eigentlich die Bienenwaben aus? Im Gegensatz zu den Papierwaben bei Wespen, die in der Regel horizontal angeordnet sind und nur an der Unterseite Zellen tragen, bestehen sie aus Wachs, hängen vertikal und sind auf beiden Seiten mit Zellen besetzt, die durch eine gemeinsame Mittelwand voneinander getrennt sind. Sie dienen sowohl der Aufzucht der Brut als auch dem Speichern von Pollen und Honig. Für alle drei Aufgaben wird die gleiche Art von Zellen benutzt. Im Baubereich eines Stockes belegt die Königin das Zentrum der Waben mit Eiern, und nur die Außenbezirke dienen als Behälter für Pollen und Honig. Für Drohnen, die ja größer sind als die Arbeiterinnen, werden größere Zellen gebaut, meist im unteren Teil der Waben, und für die Königinnen noch geräumigere, zapfenförmige, meist seitlich oder am unteren Wabenrand an den Zellverband angesetzt.

Die Wände der im Verband stehenden Zellen bilden gleichseitige sechseckige Prismen. Das ist bemerkenswert. Die Bienen könnten ja die Kammern auch mit runden Wänden bauen, wie die Hummeln, oder wie sie es selbst bei den Kinderwiegen für Königinnen machen. Sie könnten auch andere geometrische Figuren ihrem Baustil zugrunde legen. Es würden aber bei runden oder achteckigen oder fünfeckigen Zellen zwischen ihnen ungenützte Räume bleiben; das wäre Raumverschwendung. Bei drei-, vier- oder sechseckigen Zellen würden diese beiden Nachteile fortfallen. Nun sind die Dreiecke, Vierecke und Sechsecke (siehe Abbildung) so gezeichnet, daß sie genau gleich große Flächen umschließen.

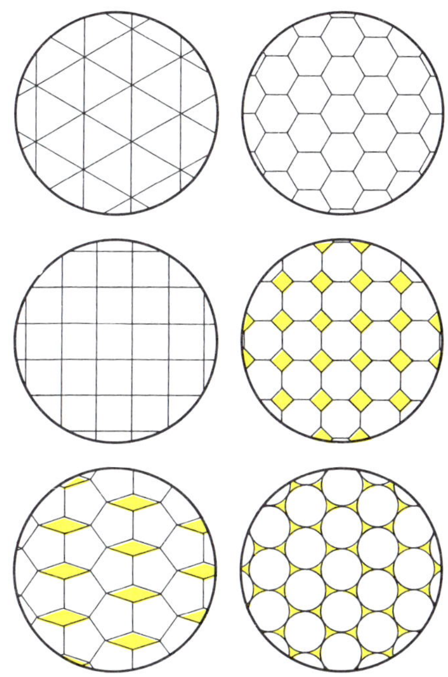

Über die Vorteile der sechseckigen Form von Bienenwaben, nach Karl von Frisch in *Tiere als Baumeister* (1974).

Solche Zellen würden also bei gleicher Tiefe gleich viel Honig fassen. Die Sechsecke haben von diesen drei flächengleichen geometrischen Figuren den kleinsten Umfang. Zur Ausführung der sechseckigen Zellen ist also, bei gleichem Fassungsvermögen, am wenigsten Baumaterial nötig.“

Die Steifigkeit begründet sich daraus, daß alle Wände sich gegenseitig unter einem Winkel von 120° abstützen und somit stabil sind. Die Schichten, die die einzelnen Zellen miteinander und die Wabenstruktur als Ganzes zu einer Sandwichtafel verbinden, nämlich der Grund der Waben und die sie verschließenden Deckel, machen den Bau der Hautflügler schließlich noch fester. Die Nester der Wespen sind aus einem papierartigen Material, die Waben sind einfach und in horizontalen Stockwerken angeordnet. Die Bienen bauen mit Wachs doppelte, von zwei Seiten aus zugängliche, senkrecht aufgehängte Waben. Der Grund jeder Zelle besteht aus drei rautenförmigen Wänden (Teile eines rhombischen Dodekaeders). Die versetzte Anordnung der Zellen auf beiden Seiten dieser Trennwand verleiht dieser eine waffelartige Struktur, die noch zu ihrer Festigkeit beiträgt.

1
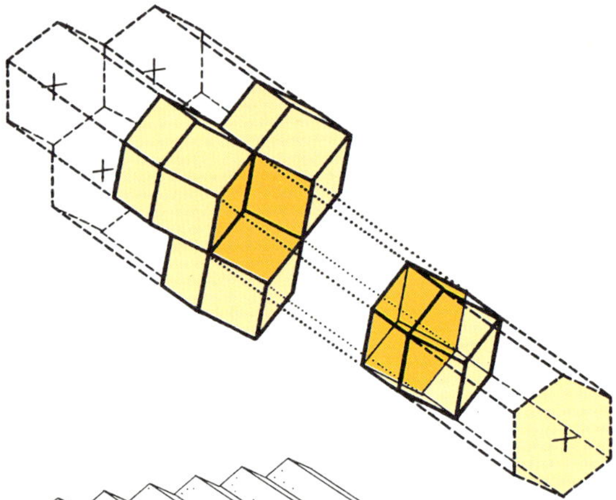

2
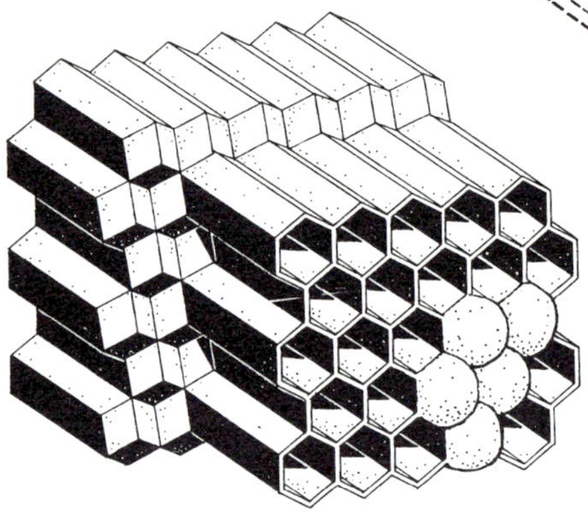

3
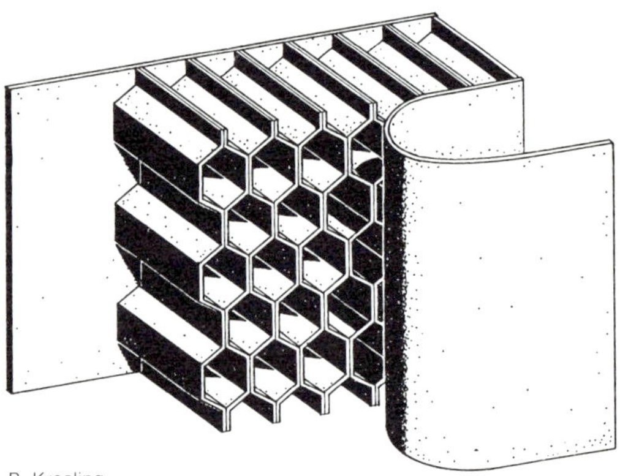

B. Kresling.

Die französische Firma Cabasse (Brest) hat zum „Festival der Töne" im Jahre 1983 zum ersten Mal völlig neuartige Lautsprecher mit kuppelförmigen Membranen in Wabenstruktur vorgeführt. Diese Lautsprechermembran ist zugleich leicht und doch unverformbar, womit sie oft widersprüchliche technische Forderungen erfüllt: um die niedrigen Frequenzen (die tiefen Töne) wiederzugeben, muß sie einen großen Durchmesser haben; eine große *Steifigkeit* ist unbedingt nötig, um Verformungen zu verhindern.
Für die Wiedergabe von hohen Frequenzen (hohe Tönen) muß das Ganze, bewegliche Spule und Membran, *leicht* sein, um mit möglichst geringer Trägheit auf schnelle Schwingungen und kleine Amplituden anzusprechen.
„Die Verwendung einer Wabenstruktur zwischen zwei feinen Bespannungsschichten erlaubt es, hochsteife Membranen herzustellen mit einer ausgezeichneten Wiedergabequalität und maximaler Stärke (150 Watt, nach DIN 45 573, das heißt mit Spitzenwerten von 1000 Watt). Das damit erreichte volle Klangniveau entspricht genau den Forderungen digital aufgenommener Schallplatten." (Auszug aus einer Broschüre HiFi-Stereo von Cabasse, Juli 1983).
Auch in der Natur gibt es flexible Sandwich-Panels. Hans Tributsch* beobachtete die außerordentliche Widerstandsfähigkeit einer Braunalge der chilenischen Küste, die ständig von der starken Brandung über die Felsen hin- und hergeworfen wird. Es handelt sich um *Durvillea antartica*, deren „Stiele" eine zelluläre Mittelschicht besitzen.

1. Der Grund der nach zwei Seiten hin offenen Bienenwabenzellen wird von rautenförmigen Flächen gebildet, die ein Teil eines rhombischen Dodekaeders sind. Mit diesen geometrischen Körpern kann man den Raum lückenlos füllen. Alle Flächen der Wabe stoßen unter einem Winkel von 120 ° zusammen.
2. Prinzip des Aufbaus von Bienenwaben. Der gemeinsame Grund der Zellen hat eine Waffelstruktur. Dies garantiert das beste Verhältnis „von Wirtschaftlichkeit im Materialverbrauch zu Festigkeit des Baues".
3. Technisches Sandwich-Panel mit flachen Deckschichten.
4. Lautsprechermembran der Firma Cabasse, in Kuppelform. Der Schnitt zeigt die innere Wabenstruktur.
5. Experimentelle faltbare Unterkunft aus Karton, die der amerikanische Architekt R. Buckminster Fuller 1952 entwarf. Wie ihr Name das andeutet: *diamond honeycomb geodesic dome (geodätische Diamant-Bienenwaben-Kuppel)* ist diese Struktur eine freie Übertragung bestimmter geometrischer und statischer Eigenschaften von Bienenwaben.

4
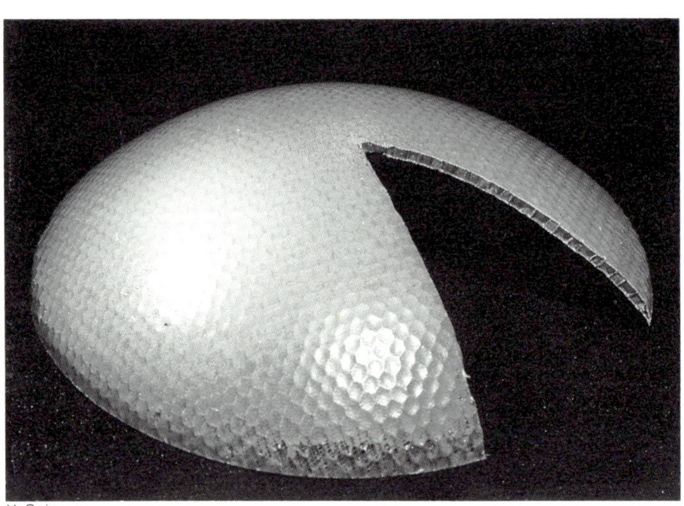

Y. Coineau.

5
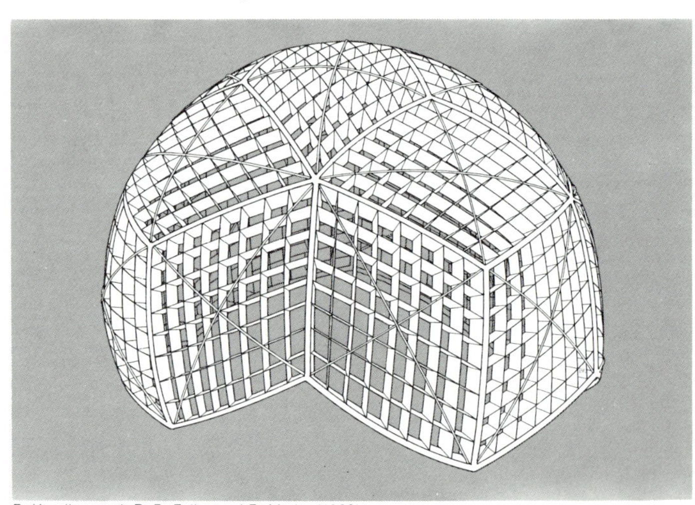

B. Kresling nach R. B. Fuller und R. Marks (1960).

Anne und Jacques Six.

Bienenwaben der Honigbiene *Apis mellifica* L. im Bau.
(*Unten*) Sandwichstruktur eines Wasserskis mit einer Zwischenschicht von Waben. Dieser Typus einer Verbundstruktur ist zugleich leicht und mechanisch gut belastbar.

Wasserski *Reflex* (Zodiac France).

■ Die Sperrholzplatten

Die feinen Holzschichten, aus denen eine Sperrholzplatte besteht, werden bei der Herstellung mit versetzter Faserrichtung übereinandergeleimt. In mehrschichtigen Sperrholzplatten sind sie gewöhnlich in ungerader Zahl, das heißt symmetrisch von einer Mittelschicht aus aufgeklebt. Die Faserrichtung einer Schicht ist immer um 90° gegenüber den Nachbarschichten versetzt. Solcherart Holzplatten brauchen, um solide zu sein, nicht sehr dick zu sein und sind daher viel leichter als eine unbearbeitete Holzplatte. Dank der jeweils versetzten Überlagerung der Holzfasern hält dieses Material erstaunlich gut Belastungen in den zwei Richtungen stand. Diese Technik trägt dazu bei, die Nachteile des spröden Rohmaterials, wie Reißen und Schwinden, zu vermeiden. J. C. Roland bemerkt dazu (in Y. Bouligand*, 1980): „Die Sperrholzplatte besitzt ausgewogene Materialeigenschaften, insbesondere die ausgezeichneter Biegsamkeit. Gerade diese Eigenschaft ist eines der bemerkenswertesten Merkmale junger pflanzlicher Organe, besonders aus der Familie der Gräser."

Nach Y. Bouligand (1980).

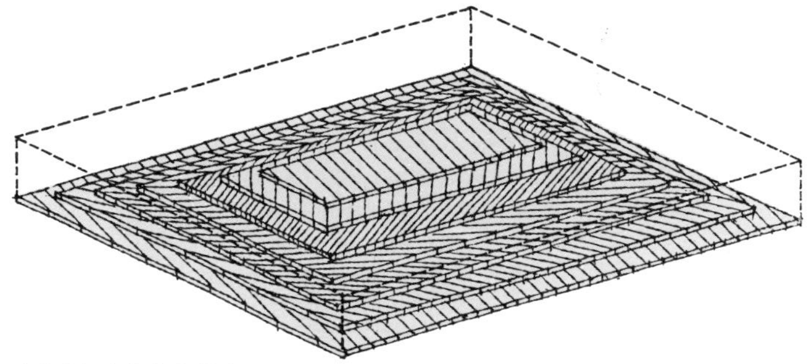
J. C. Roland, E. N. S., Paris.

Schematische Zeichnungen zur Verdeutlichung der Analogien von technischen und biologischen Sperrplatten. (*Oben*) Beidseitig einer Mittelschicht 0 (pektinhaltige Mittellamelle) ordnen sich dünne Schichten übereinander an (Holzschichten oder Fibrillenschichten), die jeweils um 90 ° gegeneinander versetzt sind.
(*Oben Mitte und rechts*) Bestimmte biologische Sperrplatten zeigen einen technisch raffinierten Aufbau: die übereinandergelagerten Fibrillenschichten kreuzen sich nicht unter einem 90 °-Winkel, sondern drehen sich jeweils nur um wenige Grade von einer Schicht zur anderen.

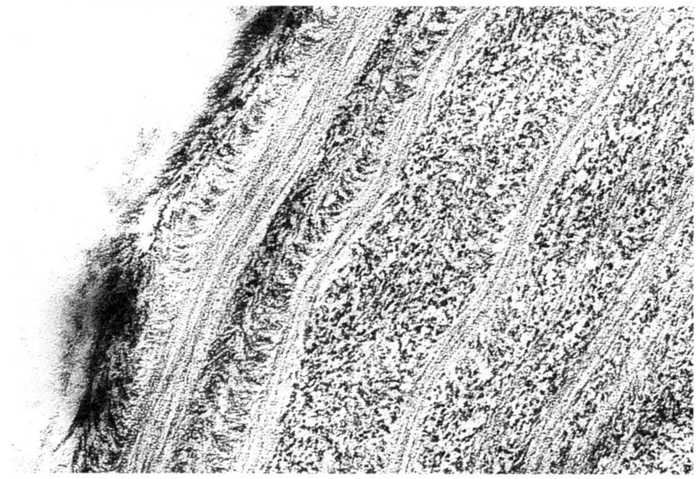
Kollenchym des Blattstiels von Sellerie, gegen Ende des Wachstums. Die Muster von sog. *Bouligand-Bögen* auf diesem Schnitt weisen auf eine schrittweise Drehung der Fibrillenrichtung sich kreuzender Schichten hin. Transmissions-Elektronenmikroskop, 25 700-fach vergrößert.

Mit Hilfe des Rasterelektronenmikroskops kann man unter anderem sehen, daß die pflanzlichen Zellwände aus Faserstrukturen bestehen, die ganz ähnlich wie bei Sperrholzplatten angeordnet sind. Um diesen Aufbau einer pflanzlichen Gewebezellwand zu verdeutlichen, bringt J. C. Roland ein Schema, das genausogut auch in ein Bastelbuch passen würde, unter das Kapitel „mehrschichtige Sperrholzplatten". Die zentrale Zellschicht, von der aus sich auf beiden Seiten die Fibrillenschichten übereinander anordnen, entspricht der mittleren Schicht der Sperrholzplatte.
Biologische Sperrplatten gibt es auch in der Tierwelt. Sie bietet zahlreiche Beispiele für im rechten Winkel über Kreuz angeordnete Sperrplatten-Strukturen (Keratin von Amphibien und von Reptilien, Schuppen von Knochenfischen . . .). Wenn man auch die erst kürzlich erforschten biologischen Sperrplattenstrukturen nicht als Vorbild beim Entwurf unserer Sperrholzplatten genommen hat, könnten Ingenieure doch viele Anregungen erhalten und bei der Konzeption ähnlicher Materialien die von Spezialisten unter dem Rasterelektronenmikroskop entdeckten biologischen Feinstrukturen zum Modell nehmen. Es gibt unter ihnen sehr originelle Sperrplattenstrukturen. Bei einigen Würmern (Ringelwürmer, Schnurwürmer, Fadenwürmer) legen sich die Fibrillen in parallelen Windungen um den Körper, in Schichten mit jeweils abwechselnder Drehrichtung, so daß die Fibrillen wie ein Netzwerk aus fast rechtwinkligen Maschen übereinander zu liegen kommen.

Y. Bouligand hat gezeigt, daß die Fibrillen aus chitinigem Protein in der Kutikula von Gliederfüßern (dem Panzer von Krebsen oder von Insekten beispielsweise) sich nicht rechtwinklig überlagern, sondern daß sie sich regelmäßig von einer Schicht zur anderen mit einem kleinen Winkel drehen. Diese Art von Überlagerung zeichnet im Schnitt ein Bogenmuster.

Das Wespenpapier

Die Papierherstellung wurde in China vor mehr als 2050 Jahren erfunden, wie die Entdeckung des wohl ältesten uns bekannten, aus Pflanzenfasern hergestellten Dokumentes bezeugt, das man 1957 in einem Grab der Han-Dynastie gefunden hat. Das Fabrikationsgeheimnis gelangte über die Araber nach Europa, jedoch erst zwölf Jahrhunderte später. Und bis zur Mitte des letzten Jahrhunderts wurde das Papier in Frankreich noch hauptsächlich aus Hadern von Hanf, Leinen oder Baumwolle in Papiermühlen hergestellt, die kaum anders aussahen als die, die auch noch heutzutage die reinleinenen Papiere liefern, die Aquarell-Maler in Hochstimmung versetzt.
Der berühmte französische Naturforscher und Physiker René Antoine Ferchault de Réaumur (1683—1757) machte als erster in der westlichen Welt den Vorschlag, Holz zur Papierherstellung zu verwenden. Hier ein Auszug aus seiner Schrift, die er der königlichen Akademie am 15. November 1719* vorlegte:

„. . . eine weibliche Wespe, aus der Gattung der erdbewohnenden Wespen kam mich etwas lehren, was ich schon so etliche Male vergebens gesucht hatte. Sie setzte sich in meiner Nähe auf den Rahmen meines Fensters, das offen stand. Ich sah sie an einer Stelle verweilen, aus der, wie mir schien, sie nichts besonders Saftiges holen vermochte . . .
. . . Ich beobachtete sie mit Aufmerksamkeit, sah, daß sie das Holz zu nagen schien, daß ihre beiden Zangen sich mit extremer Tätigkeit bewegten; sie schnitten ganz feine Holzstückchen . . .
Holzstückchen von Größe und Kürze derer des Sägemehls würden unseren erdbewohnenden Wespen nicht genehm sein und wären nicht geeignet, sich zu einem feinen Papier miteinander zu verbinden; sie brauchen Fasern ähnlich denen des Papiers, dessen wir uns bedienen. So haben wir hier ein besonderes Geschick der Wespe anzumerken. Nicht genug, daß sie das Holz fein raspelt, wodurch sie nur kleine kurze Stücke ähnlich denen des Sägemehls erhalten würde; bevor sie sie schneidet, zerzupft sie sie sozusagen; sie drückt die Fasern fest zwischen ihre Zangen, zerrt sie nach oben, dadurch zieht sie sie auseinander, und erst nachdem sie sie so zerrupft hat, schneidet sie sie ab."

Réaumur stellte ebenfalls fest, daß eine kanadische Wespenart ein Papier herstellt, das den besten von Hand geschöpften Papieren seiner Zeit in nichts nachstand. Auf der anderen Seite unterstrich er die Tatsache, daß der Papierverbrauch täglich stieg, wogegen nur eine ungefähr gleichbleibende Menge der dazu benötigten Hadern und Stoffreste zur Verfügung stand.
Dieser neue Rohstoff, das Holz, so meinte er, könnte verhindern, daß Papier in unzureichender Menge zur Verfügung stünde und zu teuer würde.

„Die Wespen in Amerika reißen offensichtlich nicht anders als die unseren die Fasern vom Holz ab, das in ihren Landstrichen verbreitet ist. Die einen und die anderen lehren uns, daß man Papier aus Pflanzenfasern machen kann, ohne diese erst über Stoffe und Chiffonreste zu gewinnen; sie scheinen uns aufzufordern, zu versuchen, ob es uns nicht gelänge, ein schönes und gutes Papier zu machen, indem wir unmittelbar gewisse Holzarten verwendeten. Indem wir das Holz noch kleiner auffaserten, als es die Wespen machen, und wir einen feinen Brei davon verwendeten, könnten wir daraus ein sehr feines Papier herstellen. Dieser Versuch wäre, das wage ich zu sagen, wichtig.
Von woher sollte man nehmen, was Papier lieferte, und wie könnte man verhindern, daß es zu rar und zu teuer werde? Die Wespen scheinen es uns zu lehren.
Die Erforschung der Naturgeschichte kann, mag sie auch nur purer und eitler Neugierde zu dienen scheinen, sehr wohl von ganz reellem Nutzen sein, was sie gegenüber denen zu rechtfertigen vermöchte, die wollen, daß man nur nutzbringende Dinge suche, wenn man diesen nicht gleich einen Vorwurf daraus machte, sondern geduldig wartete, bis die Zeit gelehrt habe, welcherart Gebrauch man aus ihr ziehen könne."

1742, also dreiundzwanzig Jahre später, bedauerte er, nicht selbst sein Vorhaben verfolgt zu haben, und wunderte sich, daß niemand anders sich für dieses Verfahren der Papierherstellung interessierte.
Zwischen 1765 und 1771 gab der Deutsche J. Ch. Schäffer ein dickes Buch über die verschiedenen Methoden heraus, Papier ohne die Verwendung von Hadern herzustellen. Unter den aus pflanzlichen Fasern und aus Holz hergestellten Papiermusterblättern befand sich sogar ein Blatt aus Wespenkarton! Seine Anregungen wurden jedoch nicht aufgegriffen. Und auch der englische Erfinder M. Koops hatte ähnlich wenig Erfolg, Papierfabrikanten von einem solchen Verfahren zu überzeugen. Das war 1800.
Erst als 1840 der Deutsche F. G. Keller die erste Holzschleifmaschine erfand, konnte man mit der Herstellung des

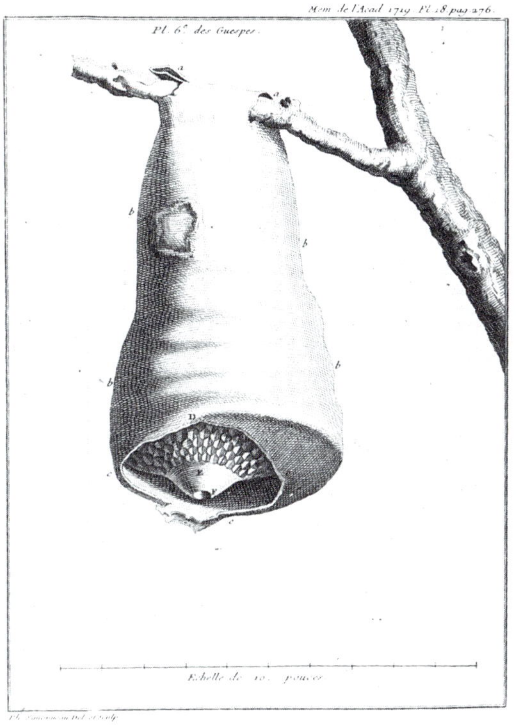

Wespennest „aus Karton", Originalabbildung aus der *Histoire des guespes* (*Geschichte der Wespen*) von R. A. F. de Réaumur (1719).
(*Unten*) Erste Holzschleifmaschine zur Herstellung von Holzbrei gemäß der „Technik" von Wespen: Modell von Gottlob Keller, 1854 patentiert.

E. Fiebig (1978).

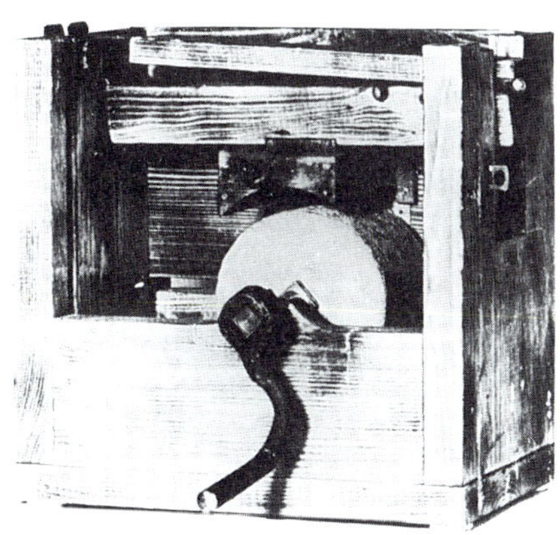

Rohstoffs für Zeitungspapier beginnen.
Ein Jahrhundert war also bereits vergangen seit den Beobachtungen und scharfsinnigen Bemerkungen unseres Insektenkundlers.
Im Deutschen nennt man übrigens, vielleicht als Ehrerweisung für die Wespen, einen grauen Karton „Wespenkarton“. Hätte dieses bescheidene Werk auf Büttenpapier aus reinem Leinen gedruckt werden müssen, hätte es wohl niemals das Licht erblickt. Wir hoffen, daß Sie an unserer Genugtuung teilhaben. Also . . . ein Hoch den Wespen!

Pollenkörner, im Rasterelektronenmikroskop gesehen.
1. *Vernonia aemulans* (Compositae) 3900-fach vergrößert.
2. *Pogostemon plectranthoides* (Labiatae) (× 1400) und Ausschnitt (3)
4. *Plumbago capensis* (Plumbaginaceae) (× 520) und Ausschnitt (5)

1

2
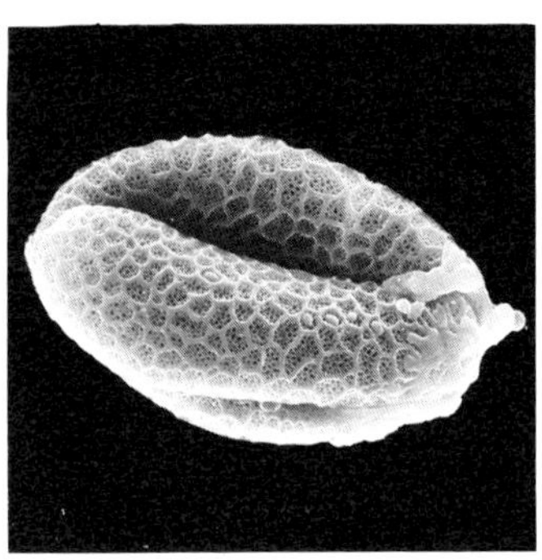

4

3
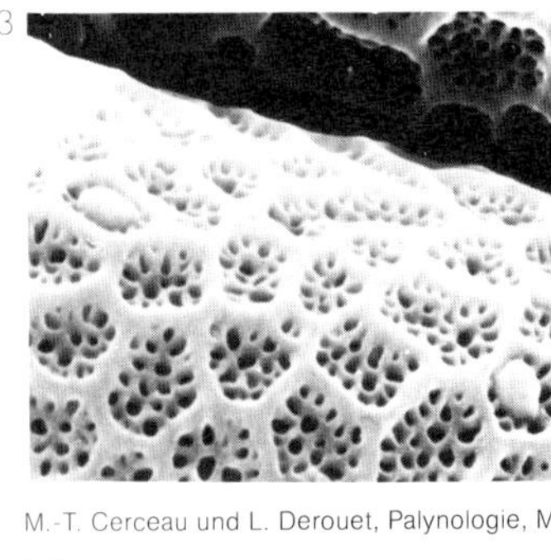

5
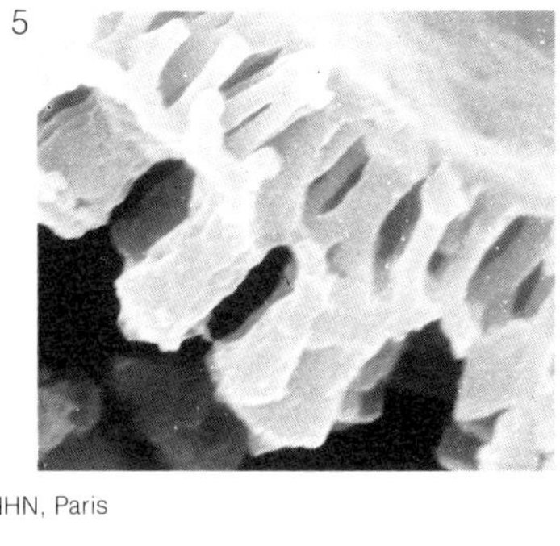

M.-T. Cerceau und L. Derouet, Palynologie, MNHN, Paris

Biomaterialien

Der Pollen besteht aus einem Material, das geeignet ist, Architekten und Chemiker gleichermaßen zu inspirieren. Die Hülle des Pollenkorns, das *Sporoderm,* besteht aus zwei Wänden:
— Die innere Wand, die *Intine,* setzt sich aus Pektinen und Zellulose zusammen, ähnlich wie die klassischer pflanzlicher Zellwände. Bei der natürlichen oder künstlichen Versteinerung der Pollen verschwindet sie;
— Die äußere Wand, die *Exine,* ist in vielerlei Hinsicht einmalig. Sie spielt eine wesentliche Rolle beim Schutz und bei der Verbreitung der Pollen.
Struktur und Gestalt der Substanz, aus der die Exine aufgebaut ist, liefern echte architektonische Modelle, die sich je nach der Art unterscheiden. Es scheint jedoch, daß die Architekten diesen reichen „Katalog“ von Bauformen bis jetzt noch nicht ergründet haben.
Im Gegensatz dazu interessieren sich die Chemiker sehr für diese Substanz, das *Sporopollenin.* Es handelt sich hierbei um oxidierte Polymere aus Karotinen und Estern von Karotinoiden. Das Sporopollenin ist sehr widerstandsfähig gegen atmosphärische Einflüsse wie Feuchtigkeit, Trockenheit, Licht sowie gegen Mikroorganismen und besitzt gewisse Eigenschaften, aufgrund derer es Millionen von Jahren ohne Schaden überstanden hat. Aus fossilen Schichten gewonnene Pollenkörner besitzen eine intakte Exine, genauso wie am ersten Tag. Man versteht, daß dieses „plastische Material“, das nicht altert, die Chemiker interessiert. Bisher ist ihnen die Synthese noch nicht gelungen.
Heuschreckenkrebse, die zur Ordnung der Stomatopoden gehören, sind hübsch anzuschauende Krebse, die man manchmal auf den Ständen von Fischhändlern findet. Mit ihrem fächerförmigen Schwanz ähneln sie Langusten, unterscheiden sich aber von diesen durch den Besitz eines Paares von Fangscheren, das ihnen das Aussehen einer Gottesanbeterin, *Mantis religiosa,* verleiht. Die Engländer nennen sie daher *Mantis shrimps,* Fangschreckengarnelen.
Die Odontodactylen, eine Art Heuschreckenkrebs, die in tropischen Regionen bereits bestehende Hohlräume in Korallen bewohnen, sind so prächtig gefärbt wie die schönsten Schmetterlinge, und ihre vielfältigen Verhaltensweisen waren Gegenstand vieler Untersuchungen.
Was als erstes an ihnen auffällt, sind übermäßig angeschwollene Scheren, die nicht nur wie Keulen aussehen, sondern auch deren Funktion haben. Sie benutzen sie zum Angreifen, zum Zerquetschen der Schalen ihrer Beutetiere (Krabben, Garnelen, Muscheln) und dazu, ihren Artgenossen im Rahmen ihrer komplexen sozialen Beziehungen zu trotzen. Sie benutzen sie auch, um Steine zu verrücken oder auf sie draufzuhämmern oder . . . um die Glasscheiben ihres Aquariums zu zerschlagen! Die Schläge, die der Odontodactylus den ganzen Tag über austeilt, sind teilweise gewaltig. Und dennoch ist die Oberfläche seiner keulenförmigen Beine weder narbig noch zerkratzt.
Mikrochemische Untersuchungen, die von drei englischen Wissenschaftlern durchgeführt wurden, dem Biologen J. D. Currey und den Ingenieuren A. Nash und W. Bonfield, ha-

ben gezeigt, daß der Panzer ihrer keulenförmigen Beine von Chitin durchsetzt ist, mit reichen mineralischen Einlagerungen, deren Phosphorgehalt im Verhältnis zum Kalzium zur Oberfläche hin immer mehr zunimmt.
Es handelt sich hier also um einen natürlichen Verbundwerkstoff, dessen Eigenschaften an bestimmte industrielle Keramiken erinnern, die man für Motoren und für Zahnprothesen verwendet. Im Unterschied zu diesen verlangt der natürliche Werkstoff jedoch keine seltenen und keine kostspieligen Stoffe für seine Herstellung. Der Panzer der keulenförmigen Beine von Odontodactylus ist eines der Beispiele für Vorbilder von *Biomaterialien,* die augenblicklich im Brennpunkt des Interesses von Chemikern stehen.

Odontodactylus scyllarus, ein Panzerkrebs tropischer Meere, besitzt ein zu Keulen umgewandeltes Beinpaar. Diese dienen ihm als Waffe, als Werkzeug zum Zertrümmern der Schalen von Muscheln, von denen er sich ernährt, und gelegentlich sogar zum Trommeln, um akustisch auf sich aufmerksam zu machen. Die Schlagkraft der Keulen aus sehr hartem Material entspricht der einer Kugel kleinen Kalibers. Die Wände des Aquariums von Noumea in Neukaledonien, in dem der Krebs unseres Photos lebt, sind darum aus kugelsicherem Glas gefertigt.

R. Catala, *Offrandes de la Mer* (1973).

H.-J. Schubnel, MNHN, Paris.

Die Schwimmblätter der Riesenseerose *Victoria amazonica* können einen Durchmesser von 2 Metern erreichen. Das Blatt verdankt seine Steifigkeit den Serien strahlenförmig auslaufender und konzentrischer Rippen auf der Unterseite und dem aufgebogenen Rand.

Arts décoratifs / CCI, Paris.

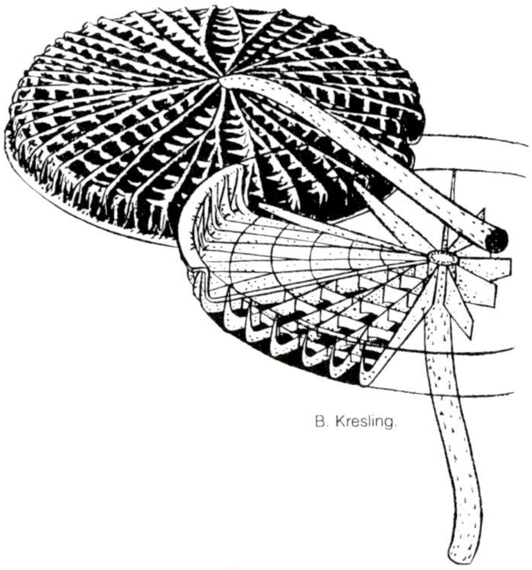

B. Kresling.

Gewächshaus mit völlig verglaster, in Falten verlegter Dachfläche, von Sir Joseph Paxton in Chatsworth im Jahre 1849 gebaut. Die Anregung kam vom Konstruktionsprinzip des Blattes von *Victoria amazonica*. (*Unten*) Innenansicht des berühmten *Crystal Palace* von London, von Paxton für die Weltausstellung des Jahres 1851 errichtet.

Victoria and Albert Museum, London / CCI, Paris, B. Kresling.

VORBILDLICHE BAUKUNST AUS DER NATUR

■ Pflanzen als Vorbilder

Das Schwimmblatt von Victoria amazonica

Sir Joseph Paxton, geboren im Jahre 1803, wurde im Alter von dreiundzwanzig Jahren vom Grafen von Devonshire als Gärtner eingestellt, um sich um den riesigen Landbesitz des Schlosses Chatsworth zu kümmern. Er erwies sich bald als begabter Amateuringenieur und Spezialist in Leichtbauweisen und materialsparenden Bauverfahren.

Im Jahre 1846 gelang es Botanikern, Samen einer in British Guyana heimischen Riesenseerose in England zum Keimem zu bringen. Diese Pflanze wurde zu Ehren von Königin Victoria *Victoria regia* genannt. Heute bezeichnet man sie als *Victoria amazonica* Poepp Sowerby. Ihre schwimmenden Blätter, die wie riesige Tortenbodenbleche aussehen und ausgewachsen bis zu zwei Metern Durchmesser erreichen können, erweckten die Neugierde unseres Botanikers und Amateuringenieurs Paxton. Er setzte auf eines der Blätter seine kleine Tochter von achteinhalb Jahren und entdeckte, erstaunt über die außerordentliche Tragfähigkeit, auf der Unterseite ein Netz von strahlenförmigen und konzentrischen Rippen, die das Blatt versteifen. Dieses System regte ihn zu einer neuartigen Konstruktion eines horizontalen Daches an, für die er im Jahre 1850 ein Patent* anmeldete. Um sie zu erproben, baute er in Chatsworth ein Gewächshaus mit einem völlig verglasten gefalteten Dach, unter dem er die *Victoria amazonica* mit Erfolg zum Wachsen und sogar zum Blühen brachte.

Vergleicht man ein von Paxton entworfenes Dachelement mit einem Blatt von *Victoria amazonica*, ist die Analogie zu diesem nicht offenkundig, da die eine Struktur rechtwinklig, die andere aber kreisförmig und strahlenförmig ist. Aus statischer Sicht sind jedoch mehrere Elemente vergleichbar:

- die langen Tragbalken entsprechen den dicken radialen Blattrippen;
- die „Regenrinnen von Paxton", unterspannte Querbalken aus Holz, übernehmen die Rolle der kreisförmig angeordneten Zwischenstege, die die Blattrippen untereinander verbinden und die Struktur versteifen;
- das verglaste Dach entspricht der Membran der Blattspreite;
- das Ganze liegt wie das Blatt, das auf der Wasseroberfläche ruht, in regelmäßigen Abständen auf Stützen auf;
- und zu guter Letzt würden die Blätter von *Victoria amazonica*, die in einer regenreichen Region wächst, beim ersten Regenschauer untergehen, wenn das Wasser nicht durch ein paar feine Löcher abgestorbener Zellen in der Blattspreite ablaufen könnte. In der Konstruktion von Paxton werden das Regenwasser und das sich innen unter dem Glasdach bildende Kondenswasser über die „Paxton-Rinnen" durch die tragende Eisenstruktur nach unten abgeleitet.

Dasselbe Prinzip eines Bauwerks aus Elementen in Standardabmessungen wurde von Paxton dann auch für die Halle der Internationalen Ausstellung der Industrie, des Handels und der Künste, der ersten Weltausstellung, in London angewandt. Der *Crystal Palace* wurde im Jahre 1851 in der Rekordzeit von zweiundzwanzig Wochen im Hyde-Park errichtet. Er wurde 1852 abmontiert und auf der östlichen Hangseite von Sydenham Hill wieder aufgebaut. Leider fiel er 1932 einem Brand zum Opfer.

Grashalme

Die Techniker sind auf der Suche nach leichten, ökonomischen, aber zugleich auch mechanisch guten Konstruktionen zu Lösungen gelangt, die den aus der natürlichen Selektion hervorgegangenen Lösungen vergleichbar sind. Für ein Lebewesen stellt eine Ersparnis des Baustoffes, die keinen Nachteil für die gute Leistung eines Systems mit sich bringt, einen unvergleichlich großen Vorteil in dem von der natürlichen Selektion bestimmten Wettkampf dar.

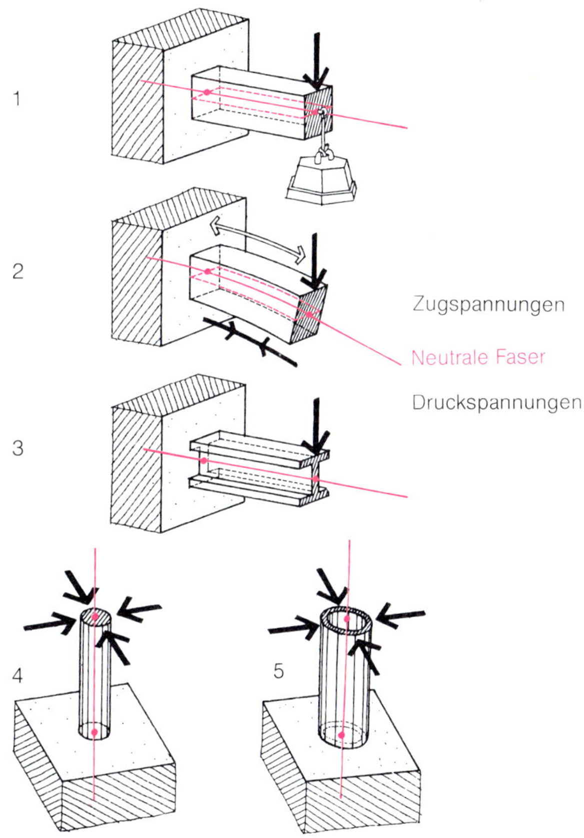

1. und 2. Unterwirft man einen Balken von rechteckigem Querschnitt einer Biegebelastung, dann wird seine obere Fläche gedehnt und einer Zugbelastung unterworfen, während die untere Fläche einer Druckbelastung ausgesetzt wird. Im mittleren Bereich behält die dünne Schicht, die man als *neutrale Faser* bezeichnet, ihre Länge bei und entgeht auf diese Weise den Spannungen.
3. Ändert man den Querschnitt des Balkens, indem man das Volumen des Materials im Bereich der neutralen Faser vermindert, um es mehr nach oben oder unten zu verschieben, wo sie sich den Spannungen wirkungsvoller widersetzen kann, dann erhält man mit der gleichen Materialmenge einen Balken, der der Biegung besser Widerstand leistet. Der I-förmige Querschnitt des neuen Balkens kennzeichnet das Profil der Metallträger, die unter dem Namen I.P.N. bekannt sind.
4. und 5. Ist der Balken rund und massiv, dann führen ähnliche Veränderungen dazu, das Material in der Nähe der neutralen Faser, die die Achse bildet, wegzunehmen und es nach außen zu verlagern. Man schafft einen Hohlraum, und der Balken wird bei gleicher Matieralmenge zu einer Röhre, die den Biegebelastungen besser widersteht als der Ausgangsbalken.

Leichte röhrenförmige Bauwerke kommen in der Natur sehr häufig vor. Ohne Zweifel ist der Halm von Graspflanzen eine der bemerkenswertesten Konstruktionen, und unter ihnen vor allem der Halm des Schilfrohrs oder des Bambus oder auch der von Getreidearten, wie zum Beispiel Weizen, Gerste, Roggen. Sein zentraler Teil besteht aus leichtem Mark, das bei der Reife verschwindet. Aber der Halm ist keineswegs eine einfache Röhre wie der Trinkhalm aus Plastik, der heutzutage den Halm aus Roggenstroh ersetzt. Das Material, das die Wände des Halms bildet, ist nicht homogen und gleichmäßig verteilt. Die Fasern (des Sklerenchyms, des Xylems) stellen selbst mikroskopisch kleine zusammengesetzte und dazu noch gebündelte Röhrchen dar, deren Querschnitte an rohrförmige Profile oder an Balken in I- oder T-Form erinnern. Aber damit noch nicht genug der technischen Feinheiten. Das Elektronenmikroskop hat gezeigt, daß auch die Wände dieser pflanzlichen Fasern strukturiert sind und den Aufbau einer Sperrplatte haben, so wie wir dieses bereits beim Blattstiel des Selleries gesehen haben (siehe Seite 24).

1

1. Grashalme stellen leichte und sehr widerstandsfähige Strukturen dar, für die sich auch die Industrie interessiert, wie diese Photographie einer Reklame für Stahlrohre der Firma Mannesmann beweist.

Mannesmann, Thyssen-AG, Düsseldorf.

2

3
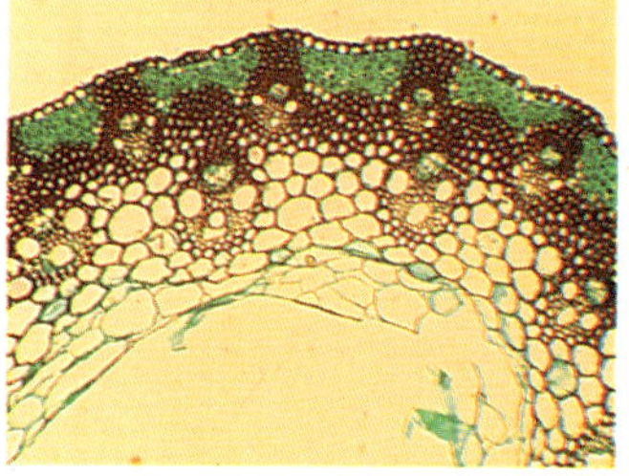

Ch. Wisser, SFB 230, Saarbrücken.

2. und 3. Querschnitt durch den Grashalm von *Lolium perenne.* Die mikroskopisch kleinen Röhren des Sklerenchyms und Xylems (dunkel) sind Gefäße, die zugleich der Wasserleitung (Xylem) und der Armierung dienen, sie sind also die Stütze des pflanzlichen Gewebes. Sie setzen sich zu Bündeln zusammen und sind zu einem peripheren Ring angeordnet, der den Halm versteift. Untersuchungen von Christa Wisser und Werner Nachtigall, Universität Saarbrücken, über die Statik von Grashalmen, in Zusammenarbeit mit dem Institut für Leichte Flächentragwerke in Stuttgart.

4., 5. und 6. Diese Röhrenstruktur aus Stahl, die der französische Ingenieur Robert Le Ricolais *„automorphisch"* nannte, ist widerstandsfähiger als eine Röhre mit massiver, dünner Wand: die Anwendung von Röhren mit kleinem Durchmesser ist günstig, weil sie gewisse lokale Verformungen beseitigt und dem Ganzen hilft, den Spannungen besser zu widerstehen. Wir finden hier das Konstruktionsprinzip eines Grashalmes wieder.

7. Dieses Faserskelett eines Kaktus, das an die Röhre von Le Ricolais erinnert, stammt aus der Sammlung eines Ingenieurs.

4

5
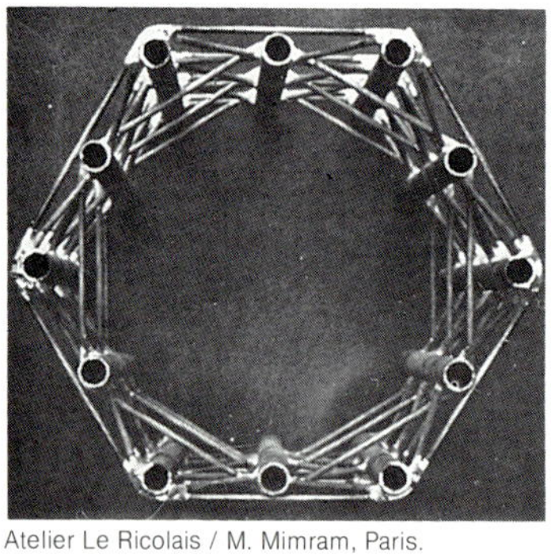

Atelier Le Ricolais / M. Mimram, Paris.

6
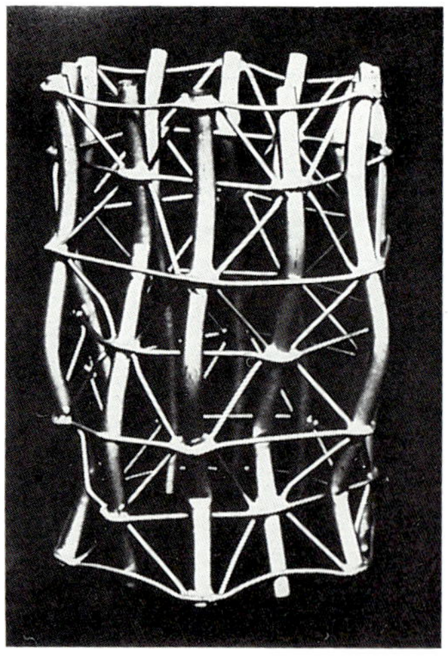

7
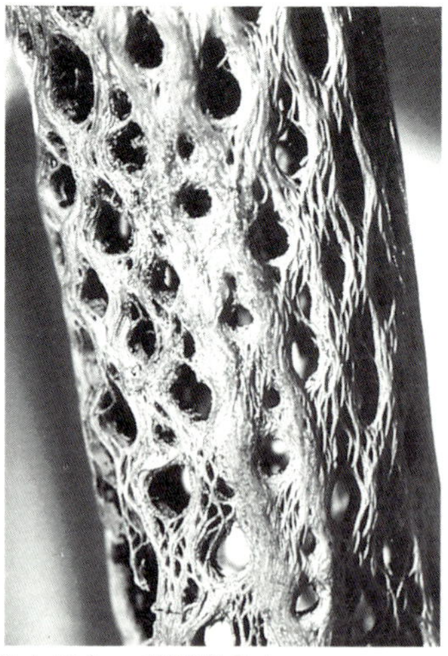

S. du Château / MNHN, Paris.

Biegsame Röhren

Wenn eine biegsame Röhre, zum Beispiel ein Schlauch, stark gebogen wird, kann es vorkommen, daß sie einknickt und daß damit das Lumen verschlossen wird. Diese Erscheinung stellt einen großen Nachteil dar, denn eine biegsame Röhre sollte ja vor allem das Durchströmen der Flüssigkeit gewährleisten.

Natur und Technik haben das Problem in ähnlicher Weise gelöst: die Röhrenwand wird spiralig verdickt, und die Röhre kann nun stärker gebogen werden, ohne daß sie abknickt. Wir kennen solche Verdickungen zum Beispiel von Staubsaugerrohren. In der Natur zeigen die Tracheen der Insekten und die Tracheiden des Holzes der Pflanzen einen ähnlichen Aufbau.

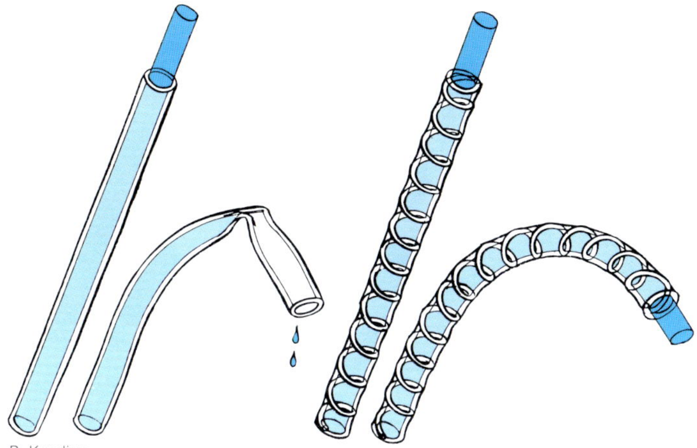

B. Kresling.

Schachtelhalme

Der französische Architekt Jacques Couëlle hat schon immer ein besonderes Interesse für die technischen und harmonischen Entwürfe der Natur bekundet. Zusammen mit zwei Kollegen gründete er im Jahre 1936 eine Vereinigung zum Studium natürlicher Konstruktionen. Er hielt sich häufig in den Laboratorien des Pariser Naturhistorischen Museums auf. Die Schachtelhalme haben ihn zum Entwurf eines neuen Ziegeltyps angeregt. Die Schachtelhalme (Equisetales) sind einjährige Pflanzen, die im System in der Nähe der Farne stehen. In unseren Gegenden findet man sie vor allem auf kieselhaltigen Böden, an feuchten, sumpfigen Stellen. Ihre aufrechten Halme tragen Verzweigungen in abgestuften Kreisen, den Blattkränzen, die wie Spannstäbe eines Regenschirms angeordnet sind. Die Halme und ihre Verzweigungen sind geriefelt und innen hohl. Wenn man am Schaft zieht, lösen sich die Teile leicht voneinander. Diese Segmente, die man als Internodien bezeichnet, lieferten Jacques Couëlle das Modell für einen geriefelten rohrförmigen Ziegel mit gerichteter Struktur, den *Schaft-Ziegel.* Bei der Herstellung wird der Ton ausgewalzt und die Bestandteile, die ihm beigemischt sind (Körner aus Kieselerde, Wassertröpfchen) erhalten eine Orientierung, die nach dem Brennen bestehen bleibt. Die beim Schrumpfen entstehenden Lücken behalten diese Orientierung, die an die pflanzliche Faserstruktur erinnert, bei. Dank der geriefelten Röhrenform und der Strukturierung des Materials konnte die Bruchfestigkeit des Werkstoffes von 300 auf 1200 Kilogramm erhöht werden.

Die röhrenförmigen Ziegel ähneln in ihrer Form Flaschen ohne Boden. Sie lassen sich nach Art der Schachtelhalmabschnitte ein wenig ineinanderschieben. Auf der Baustelle werden sie in Reihen auf die Verschalung gelegt und mit einer Schicht Zement bedeckt. Jacques Couëlle hat auf diese Weise elegante Gewölbe gebaut, die trotz dünner Wände eine große Festigkeit besitzen. Die Kathedrale von Béchar (Algerien) ist ein ausgezeichnetes Beispiel für diese Bauart.

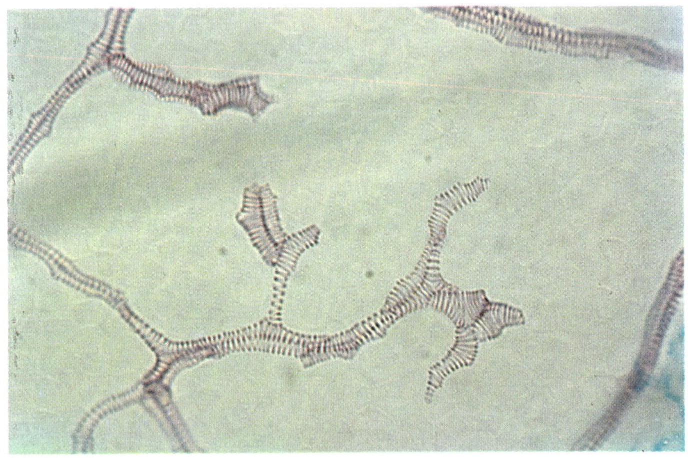

Ch. Fuchs, Angewandte Pflanzenbiologie, MNHN, Paris
J.-M. Baufle, MNHN, Paris.

Eine spiralige Verdickung garantiert in einer biegsamen Röhre eine gute Flüssigkeitszirkulation, selbst wenn diese stark gebogen wird. Die Mikrofotografie zeigt Tracheiden einer Blattader einer Lupine, *Lupinus albus L.,* mit spiraligen Verdickungen.

(*Unten links*) Makrophotographie einiger Schachtelhalmabschnitte.
Der Architekt Jacques Couëlle ließ sich von diesen Schachtelhalmabschnitten zu seinem „Schaft-Ziegel" inspirieren, einem runden, hohlen Ziegelstein. Dank dieser Erfindung aus dem Jahre 1940 konnten Träger, Gewölbe oder Brücken ökonomisch und schnell gebaut werden. Das Eisen der Armierung konnte teilweise durch die Ziegel ersetzt werden. (*Rechts*) Baustelle der Kathedrale von Béchar (Algerien).

J. Couëlle, Paris.

Cl. A. Raynal, Phanerogamie, MNHN, Paris.

Bäume

Bäume der Wälder des Äquatorgürtels haben oft an ihrer Basis und bis auf eine gewisse Höhe Verstrebungen, die wie aus dem runden Stamm vorspringende dreieckige Scheiben aussehen. Sie vergrößern die Querschnittsfläche und haben

eine ähnliche versteifende Funktion wie die Querbalken I-förmiger oder T-förmiger Profile.
Für den *Palazzo del Lavoro* in Turin hat der italienische Architekt Pier Luigi Nervi* ein Dach entworfen, das sich aus einer Reihe von einzelnen selbsttragenden Dachelementen zusammensetzt. Jedes wird von einem zentralen Pfeiler getragen, der wie ein Baum mit Verstrebungen gestaltet ist und dessen Querschnitt von der Kreuzform an der Basis bis zur Kreisform an der Spitze variiert.
Legt man durch einen Baum mehrere Querschnitte, auf verschiedenen Ebenen zwischen Basis und Wipfel, so kann man feststellen, daß sein Durchmesser stetig abnimmt. Die Lasten werden durch tragende Elemente von wachsendem Durchmesser auf den Stamm übertragen. Die Architekten haben sich von diesem Prinzip zu großflächigen Überdachungen anregen lassen, wie das ein Entwurf von Frei Otto* für ein Gebäude in Saudi-Arabien zeigt. Das Prinzip besteht darin, eine Vielzahl rohrförmiger Stützelemente von oben nach unten stufenweise zu bündeln, und zwar immer an den Verzweigungsstellen. Die baumartigen Pfeiler der *Sagrada Familia* in Barcelona sind ein weiteres Beispiel für verzweigte Stützen. Ihre Form entwarf der Architekt Antonio Gaudì mit Hilfe von umgekehrt aufgehängten Modellen.

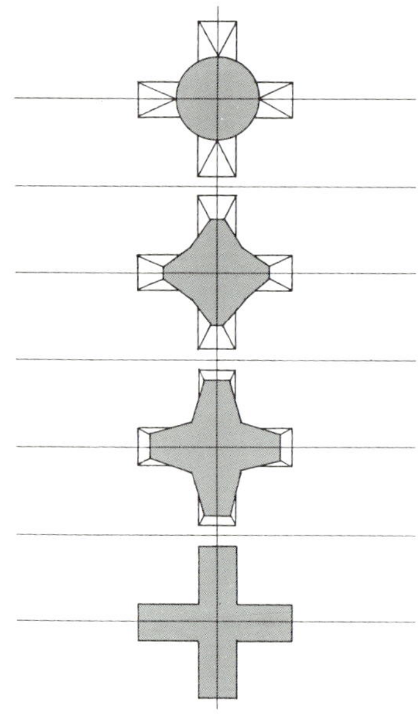

B. Kresling aus Architecture d'aujourd'hui.

Die Zeichnung zeigt vier verschiedene Querschnitte eines Betonpfeilers des *Palazzo del Lavoro* in Turin, von P. L. Nervi im Jahre 1961 erbaut.

(*Unten links*) Baum mit Verstrebungen, in Brasilien photographiert. In technischer Hinsicht kann ein sternförmiges Profil des Stammes, mit Verstrebungen in Bodennähe, besser Belastungen aufnehmen als ein gleichförmig zylindrisches Profil. Man weiß, daß die Holzfasern der Verstrebungen sich unter starker Spannung befinden und vermeidet es daher, beim Fällen des Baumes mit der Säge auf ihrer Höhe anzusetzen.

(*Unten rechts*) Innenansicht des *Palazzo del Lavoro*.

IL, Stuttgart (R. Graefe, J. Tomlow, A. Walz), Gaudi-Gruppe Delft.

Gimonet / CCI, Paris.

Frei Otto, IL, Stuttgart.

1 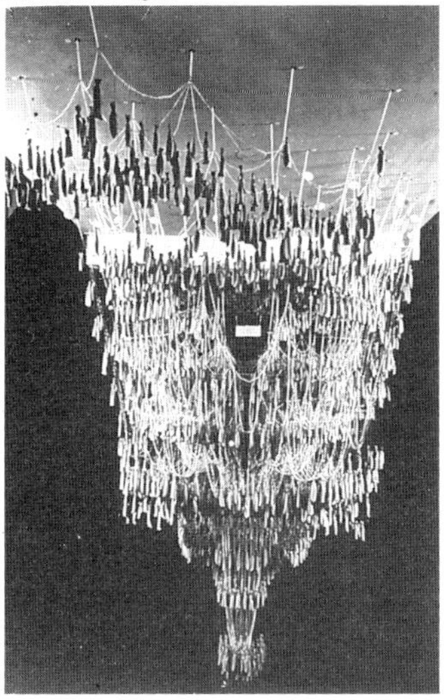

M. Mimram

2 

3 

1. und 2. Die Kathedrale der *Sagrada Familia* in Barcelona, von Antonio Gaudi.
Die „natürlichen" Formen der Stützen und ihrer Verzweigungen wurden mit Hilfe von umgekehrt aufgehängten Modellen bestimmt. Die Hängeformen gehorchen physikalischen Gesetzen der Erdanziehung. Rekonstruktionsmodell.
3. Baumförmige Struktur, Projekt von Frei Otto für Saudi-Arabien.
4. Titelseite eines Buches von Frei Otto (1982).

Gefaltete Blätter

Die Blattadern, die den Pflanzensaft transportieren, haben meistens auch eine statische Funktion. Ihre zahlreichen Verästelungen ermöglichen dem dünnen Gewebe der Blattspreite, sich wie ein Sonnenkollektor aufzuspannen. Ihre Rolle besteht außerdem darin, die mechanischen Kräfte zum zentralen Blattstiel zu leiten.

Die intuitiven Nachahmungen natürlicher Formen, wie wir sie in der Geschichte der Architektur häufig finden, haben oft zu technisch korrekten Bauwerken geführt.

Faßt man ein Blatt Papier an einem seiner Ränder an und hebt es in die Höhe, kann man feststellen, daß es sich immer nur nach einer einzigen Richtung gleichzeitig krümmen kann — diese Richtung hängt ganz von den Einspannpunkten ab. Faltet man nun das Blatt, so versteift man es in der Richtung senkrecht zum Knick. Dieses Prinzip ist im ausgebreiteten Fächer von Palmenblättern wirksam (*Chamaerops, Trachycarpus, Washingtonia* . . .). Architekten haben Schutzdächer aus Beton in Form solcher Faltstrukturen gebaut und konnten sie trotz weiter Auskragung mit nur geringer Dicke ausführen.

Bei waagrechten Schutzdächern ist die Übereinstimmung ganz offensichtlich, aber es ist zu bemerken, daß sich dasselbe Problem auch für eine senkrechte Wand stellen kann, wie dies der von Nervi in Paris errichtete Kongreßsaal der Unesco zeigt.

4 

Frei Otto, IL.

Y. Coineau.

5 

5. und 6. Faltungen bei Palmenblättern, *Chamaerops humilis* L., und beim Schutzdach des Mont-Blanc-Tunnels. Eine große Auskragung der nur dünnwandigen Konstruktion wird durch Faltungen des Profils ermöglicht.

6 

R. Viollet, Paris.

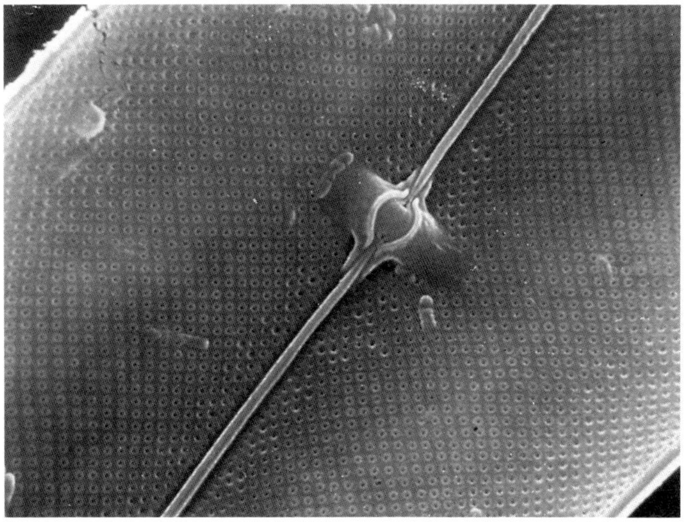

M. Ricard, Kryptogamen-Abteilung, MNHN, Paris.

Ausschnitt aus dem Kieselskelett der pennaten Diatomee *Pleurosigma formosum* Smith, Alge der Küsten tropischer Meere. (Rasterelektronenmikroskop, 2700-fache Vergrößerung).

■ Mikroskopisch kleine Organismen als Vorbilder

Kieselalgen

Kieselalgen oder *Diatomeen* (Goldalgen, Chromophyta) sind mikroskopisch kleine (5—500 µm messende) Einzeller mit verkieselten Zellwänden. Einige bilden Kettenverbände, aber in der Mehrzahl leben sie einzeln, können sich fortbewegen oder sind mit einem Stielchen irgendwo angeheftet. Sie leben in Süßwasser, in fließenden und stehenden Gewässern oder im Meer und spielen dort eine wesentliche Rolle zu Beginn des Produktionszyklus von lebender Materie (Phytoplankton). Ihr Kieselskelett besteht aus zwei Schalenhälften und sieht wie eine Camembertschachtel aus: ein Deckel, der auf einem etwas kleineren Boden aufsitzt. Die Schalen weisen eine enorme Variationsbreite der Feinstrukturen in großer Regelmäßigkeit auf. Bestimmte Kieselalgen werden daher als Test für das Auflösungsvermögen von Lichtmikroskopen und neuerdings auch von Rasterelektronenmikroskopen verwendet.

Mit dem Auge eines Technikers gesehen sind die Schalen von Diatomeen kleine Wunderwerke des Ingenieurbaus: eine von feinen Sieben durchbrochene Schale wird von einem Netzwerk senkrecht zu ihr stehender Wände versteift. Die Form der Diatomee und die Zeichnung dieser Rippenzüge und Kammerwände läßt zum einen den Entstehungsprozeß, zum anderen aber auch die Kräfte, denen dieses räumliche, äußerst stabile Tragwerk ausgesetzt ist, ahnen. Zwei Architekten, Frei Otto und M. F. Manleitner, haben sich vom mutmaßlichen Bildungsprozeß der Zellwände der Diatomee *Pleurosigma* zum Entwurf von vorgefertigten Bauelementen aus Beton und aus Stahl anregen lassen.

Bei der Suche nach statisch optimalen Schalenformen, die eine große Erdlast aufnehmen können, hat der spanische Architekt Eduardo Torroja die Struktur dreieckiger Standardelemente entwickelt, die in allen ihren Teilen mit der Schalenform einer Diatomee, nämlich *Triceratium alternans*, übereinstimmen.

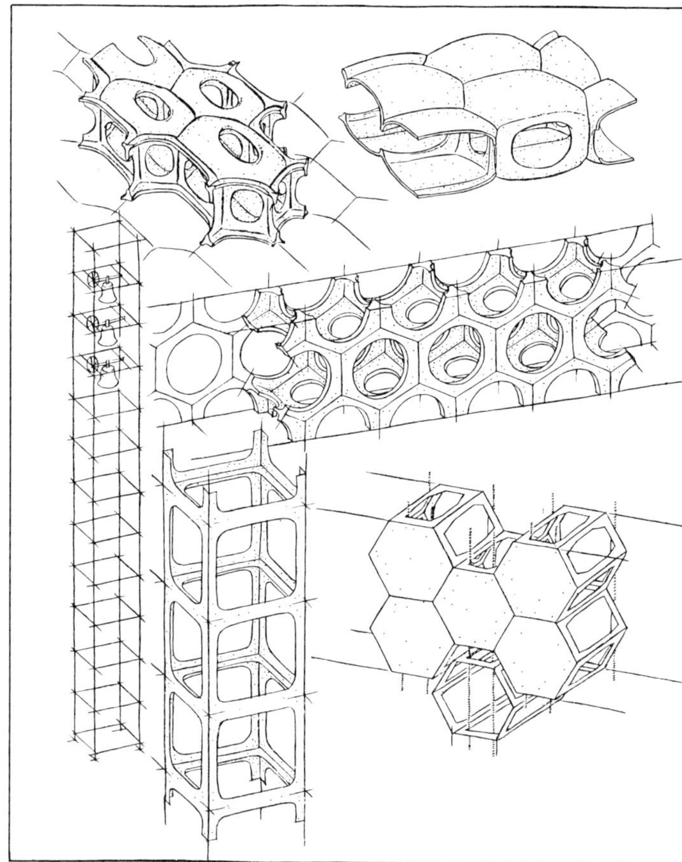

B. Kresling, nach J.-G. Helmcke und Frei Otto.

Hypothesen über den Bildungsprozeß der Kieselschale bestimmer Diatomeen haben zur Herstellung von architektonischen Beton- und Stahlstrukturen angeregt, deren Formen experimentell durch Ausguß der Zwischenräume, die zwischen aufgeblasenen Ballons entstehen, erhalten wurden. Oben: Kammerung von *Pleurosigma*. Unten: Vorgefertigte Elemente, Entwürfe von Frei Otto und M. F. Manleitner.

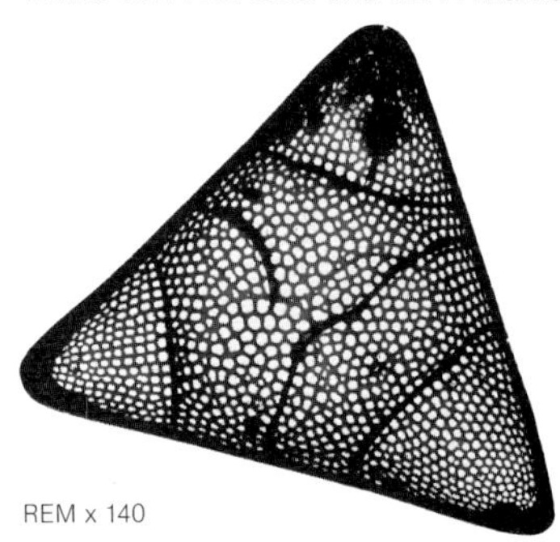

REM x 140

Der Ingenieur J. Joedicke entdeckte die erstaunliche Analogie zwischen experimentellen Stahlbetonschalen, die E. Torroja 1959 für die Überdekkung eines unterirdischen Wasserreservoirs entwickelte, und der Schale der Diatomee *Triceratium alternans* Bailey. Er schloß daraus, daß auch die Diatomeenschale eine statisch optimale Form besitzen müsse.

U. Geissler, *in* J.-G. Helmcke, W. Krieger (1961).

J. Joedicke / K. Krämer-Verlag, Stuttgart.

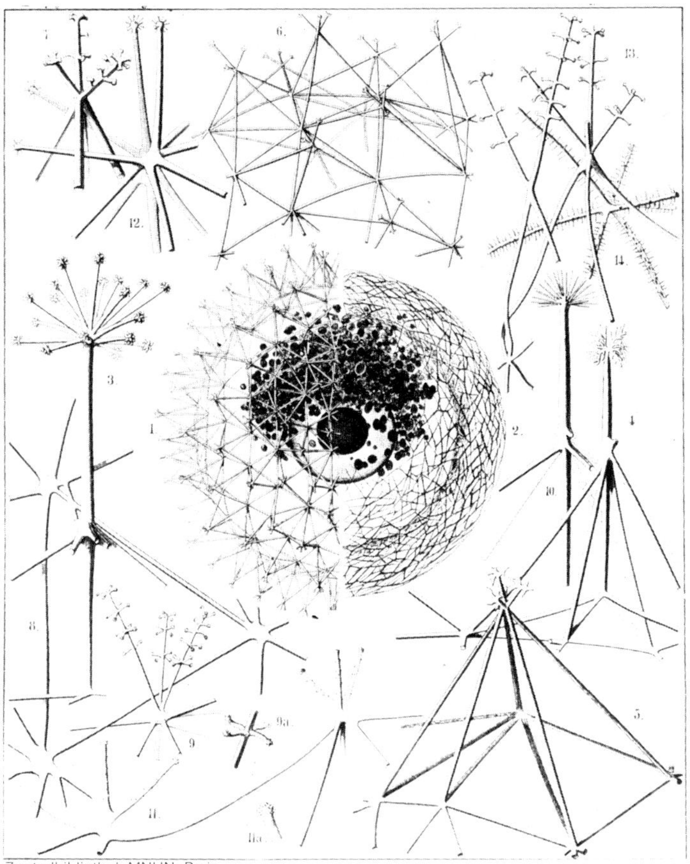

Zentralbibliothek MNHN, Paris.

Kugelförmige Radiolarie, *Sagoscena,* von E. Haeckel gezeichnete Tafel 108 aus dem Atlas der *Voyage of H.M.S. „Challenger"* (1873—1876).

1

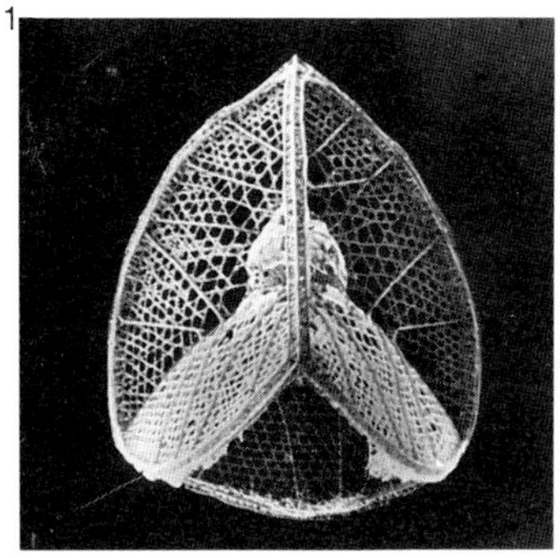

2

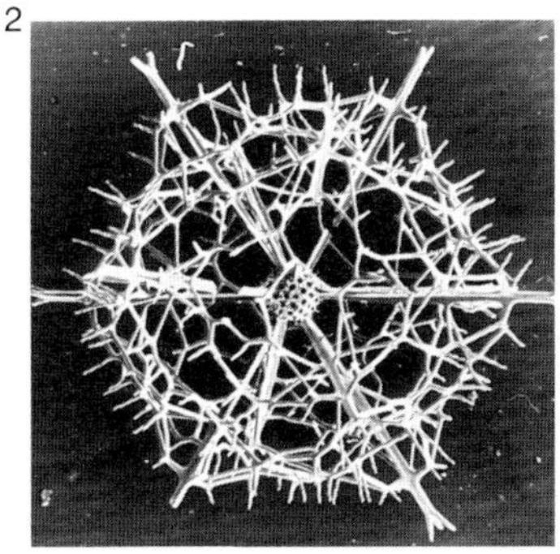

3

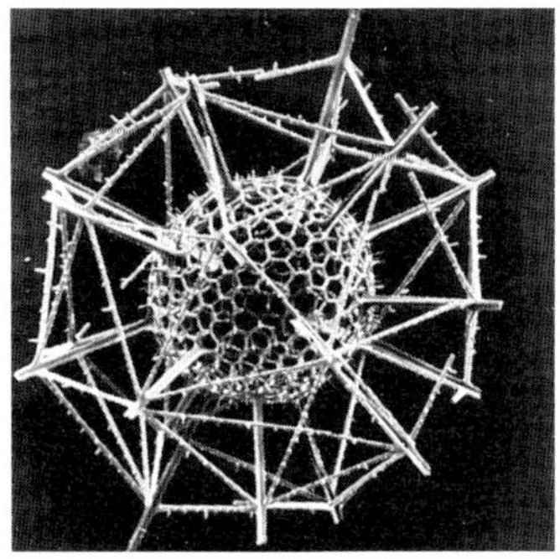

4

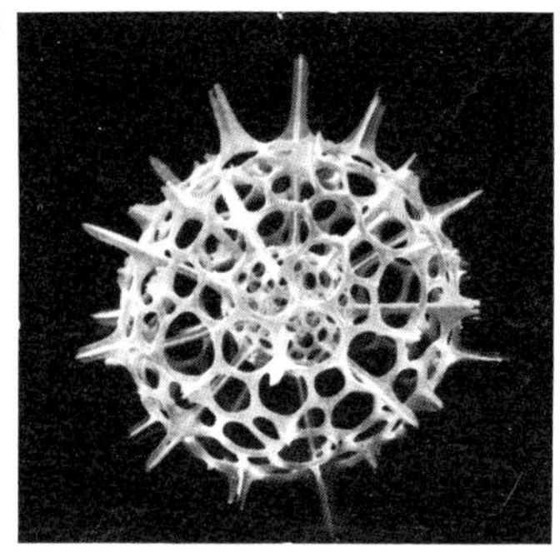

J.-P. Caulet, Geologie, MNHN, Paris.

Kleiner Katalog, aus dem reichen Formenschatz der Natur herausgegriffen. Vielleicht gibt er Anregungen zu weiteren bionischen Erfindungen! 1. *Callimitra carolotae* Haeckel (REM, 340-fache Vergrößerung), 2. *Lychnosphaera regina* Haeckel (× 60), 3. *Astrosphaera hexagonalis* Haekkel (× 120), Radiolarien aus dem Plankton des Pazifiks. 4. *Actinommia trinacrium* Haeckel (× 340), Radiolarie aus dem Schlick des Mittelmeeres.

Robert Le Ricolais vor dem Modell einer seiner Raumstrukturen (1940—1945) nach dem Vorbild der Details dieser Radiolarie. Dieser Typus eines Leichttragwerks (aus Stäben und Knoten) stellt nicht eine sklavische Nachahmung dar, sondern ist eine Übertragung gewisser statischer Prinzipien des natürlichen Modells. Die Querschnitte des Kuppeltragwerkes sind daher beispielsweise nicht kreisförmig sondern parabolisch. Dies verbürgt eine optimale Lastverteilung in einem System, in dem alle Stäbe denselben Querschnitt haben.

Palais de la Découverte, Paris.

Radiolarien

Robert Le Ricolais* entdeckte die erstaunlichen Skelette von Radiolarien in einem Werk von Ernst Heinrich Haekkel, das der Beschreibung neuer Formen gewidmet war, die die *Challenger** auf ihrer ozeanographischen Expedition gegen Ende des letzten Jahrhunderts gesammelt hatte.

Die Radiolarien sind einzellige, winzige Meerestierchen, *Protozoa,* von oft kugeliger Form. Sie besitzen ein Innenskelett, das fast immer aus reinem und amorphem Silikat in Gitterform besteht. Dieses Skelett ist eine zusammenhängend feste, regelmäßig durchbrochene Schale oder aber ein zartes Bauwerk aus verkieselten Stäbchen, den *Spiculae.* Diese durch Knoten verbundene Stäbchen bilden Pyramiden, und das Ganze setzt sich zu räumlichen, gekrümmten Tragwerken zusammen. Durch ihre Regelmäßigkeit und die sich wiederholenden Konstruktionsmuster sind diese filigranen Stabtragwerke technischen Strukturen sehr ähnlich.

Le Ricolais baute ein im Maßstab stark vergrößertes Detail eines Radiolars nach Haeckels Zeichnungen von Radiolarienskeletten formgetreu im Modell nach. Er experimentierte damit und konnte feststellen, wie stabil und leicht diese Struktur ist, die im Hinblick auf eine industrielle Herstellung den ungeheuren Vorteil hat, aus nur wenigen unterschiedlichen Einzelelementen zu bestehen. Wie Le Ricolais meinte, bieten sich die Kugelformen mit einer gleichmäßigen Verteilung von Material besonders für den schwerelosen Raum an und stellen unmittelbar realisierbare Vorbilder für

1

Cordier / CCI, Paris.

Geodätische Kuppeln des amerikanischen Architekten R. Buckminster Fuller. 1. Amerikanischer Pavillon der Weltausstellung in Montreal, Kanada, im Jahre 1967. 2. *Climatron,* Gewächshaus des Botanischen Gartens von St. Louis, USA, errichtet im Jahre 1953. 3. Geometrische Schemazeichnungen geodätischer Kuppeln. Im allgemeinen haben sie die Grundform eines Ikosaeders, dessen (dreieckige) Flächen auf eine Kugel projiziert werden.

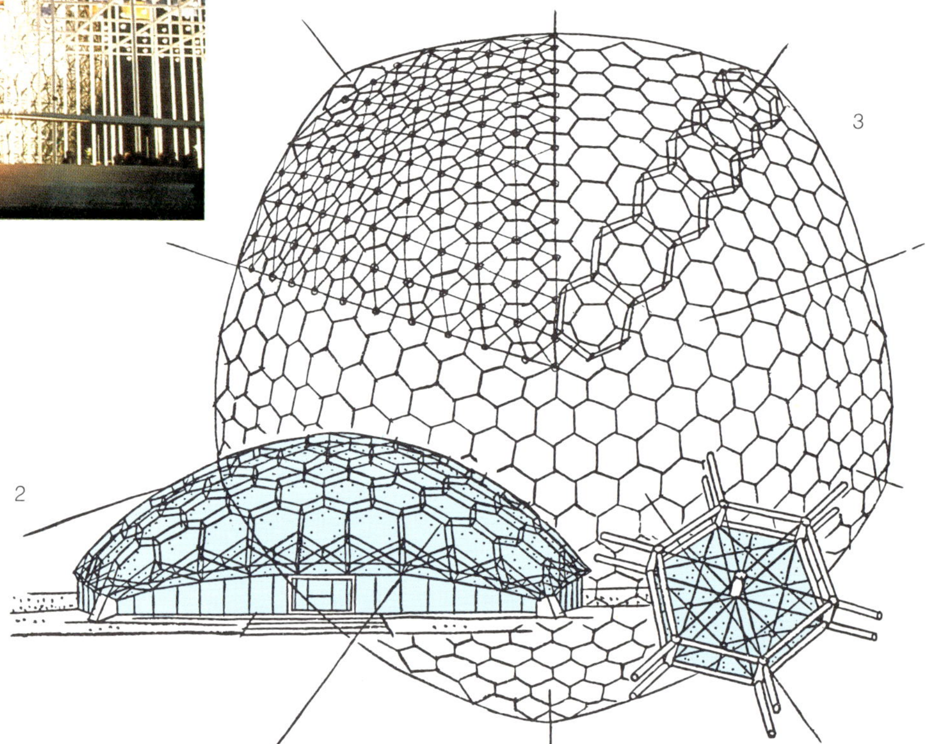

B. Kresling.

künstliche Satelliten dar. Auf der Erde gilt es aber, das Eigengewicht des Gebäudes zu berücksichtigen und dementsprechend die Stäbe in der Nähe der Basis zu verstärken, die am Scheitel liegenden Stäbe aber leichter zu machen. Die geodätischen Kuppeln von Buckminster Fuller gehorchen diesen Forderungen und sind daher nicht das Ergebnis einer simplen Übertragung, wie das im ersten Augenblick scheinen mag. Le Ricolais baute zuerst eine offene Halle mit einem Satteldach und hat später dann Tragwerke mit abgeflachten Paraboloidquerschnitten entworfen. Die modernen räumlichen Stabtragwerke sind also aus der Beobachtung von mikroskopisch kleinen Organismen entstanden.

■ Tiere als Vorbilder

Schwämme

Diese im Wasser lebenden und am Grund angehefteten Organismen scheinen, ihrer Form und ihrer Unbeweglichkeit nach zu urteilen, dem Pflanzenreich anzugehören.

In Wirklichkeit aber bilden die Schwämme, oder *Porifera,* den primitivsten Stamm mehrzelliger Tiere oder *Metazoa,* zu denen alle Tiere außer den Protozoa, den Einzellern, gehören. Eine Unzahl Poren, die die Oberfläche wie ein Sieb durchlöchern, lassen einen Nahrungspartikel führenden Strom passieren, der dann durch ein mehr oder minder kompliziertes Netzwerk von Kanälen und Hohlräumen geschleust wird. Die meisten Schwämme besitzen ein inneres Skelett aus einzelnen, sich nur kaum berührenden Nadeln, den *Spiculae.*

Eines der wichtigsten Ziele von Architekten ist es, möglichst steife und doch leichte Strukturen, die große Spannweiten mit minimalem Materialaufwand überbrücken können, zu entwerfen. Le Ricolais hat dies treffend formuliert, als er einmal gefragt wurde, was er eigentlich mit seinen architektonischen Forschungen zu erreichen gedenke: „Spannweite unendlich, Gewicht gleich null.“

Frei Otto hat sich mit diesem Problem befaßt, als er eine Biegeplatte entwickeln wollte, eine flache Tragwerkstruktur, wie zum Beispiel die einer Decke, auf die senkrecht zu ihrer Fläche Lasten einwirken, und die von unten entweder punktförmig oder linienförmig unterstützt wird. Er hat ein räumliches Stabtragwerk vorgeschlagen, in dem die durch steife hohle Knoten miteinander verbundenen Stäbe die Kräfte übertragen.

Erst hinterher entdeckte er, daß es bei den Glasschwämmen, den Hexactinellidae oder Triaxonia, ganz analoge Strukturen gibt. Sie gehören zu den ältesten uns bekannten fossilen Schwämmen überhaupt. Heutige Formen leben alle in sehr großen Tiefen. Die berühmtesten unter ihnen sind die Euplektellen der Philippinen, deren Skelett eine Art

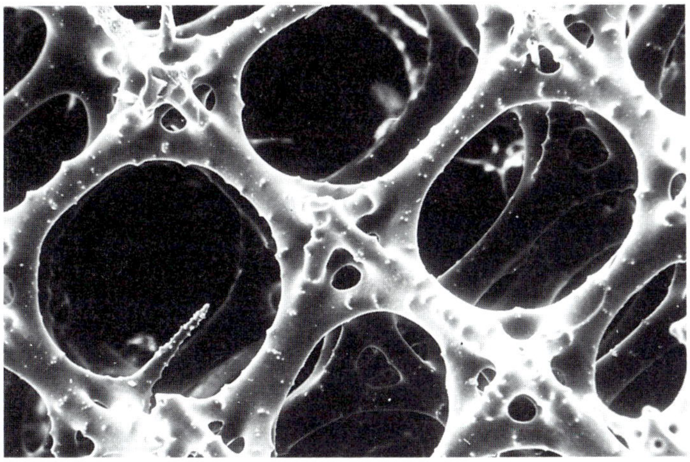

Biologisches Labor für wirbellose Meerestiere, MNHN, Paris. REM x 180. R.

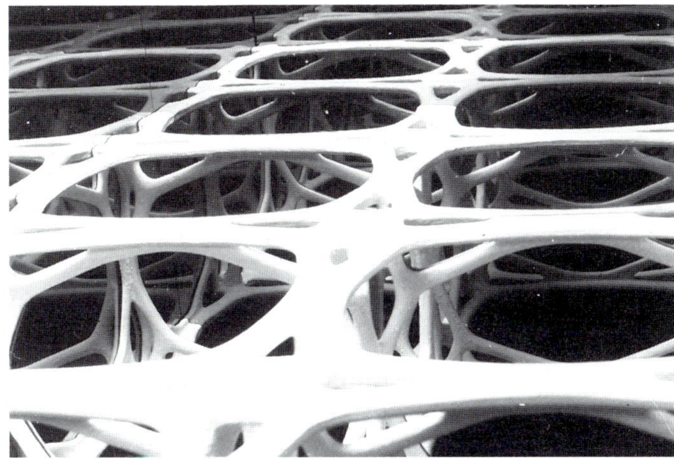

Frei Otto, IL Stuttgart.

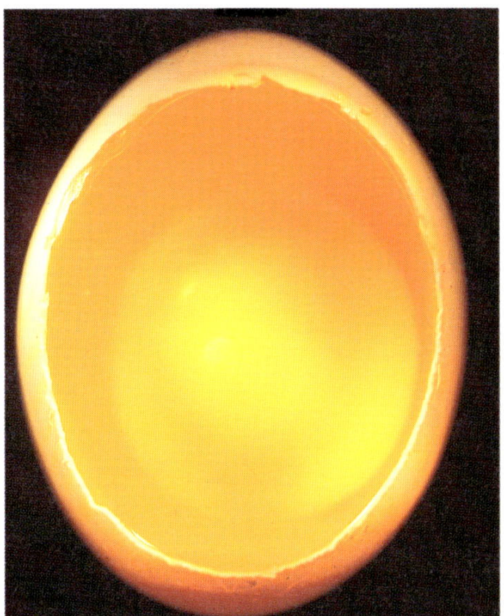

J.-M. Baule, MNHN, Paris.

Experimentelle Biegeplatte des Architekten Frei Otto. Diese Struktur, ein orthogonales räumliches Gitter aus Stäben und „hohlen" Knoten, zeigt erstaunliche Analogien zum Kieselskelett des Schwammes *Aulocystis (oben links).* Mit minimalem Materialaufwand erhält man auf diese Weise eine sehr widerstandsfähige Struktur.

Die Eischale ist ein charakteristisches Beispiel für eine natürliche Struktur, eine Kompromißlösung, die mehreren, oft widersprüchlichen Forderungen gerecht werden muß: die Schale muß fest genug sein, um das zukünftige Küken zu schützen, muß aber im Augenblick des Schlüpfens nachgeben können.

Die Schale der Kuppel des Planetariums von Zeiss in Jena wurde aus Spritzbeton gefertigt, eine Technik, die hier zum ersten Mal angewandt wurde. Die Dicke der Schale wurde durch Extrapolation der Dicke einer Hühnereischale errechnet. Auf der Photographie sieht man die Montage des Eisengerüsts, das der Schale dann als Bewehrung diente (1923).

Archiv IL, Stuttgart.

R. Landin, Ausstellung MNHN, Paris, 1985–1986.

A. Gordon, Malakologie, MNHN, Paris.

Gitter von übereinandergelagerten Geweben aus Siliziumfasern ist und an ein maschinell hergestelltes Gewebe aus Glasfasern erinnert. Sie haben die Form eines hohlen Horns und dienen manchmal einem Pärchen von Garnelen der Art *Spongicola* als Behausung. Euplektellen mit Spongicolakrebschen sind ein sehr geschätztes Hochzeitsgeschenk bei Japanern, weil sie in dem bis zu ihrem Tod zusammenlebenden Tierpärchen das Symbol für ewige eheliche Liebe sehen! Das natürliche Vorbild für die Leichttragwerke von Frei Otto findet sich in einer verwandten Familie, bei den *Aulocystidae.* Die sechs Zweige ihrer Nadeln wachsen in den drei Raumebenen und verbinden sich mit den Nachbarnadeln zu einem orthogonalen Raumgitter. An den zentralen Knotenpunkten der Nadeln bilden Dornfortsätze die Kanten eines hohlen Oktaeders, den man *Lychniskus* nennt.

Eischalen und Muschelschalen

Die Dicke der Hühnereischale hat dazu gedient, durch Extrapolieren die Dicke der gespritzten Torkretbetonschale der ersten geodätischen Kuppel des Planetariums zu berechnen, das Zeiss in Jena errichtete.

Die Formen der Muscheln haben schon immer die Architekten fasziniert. Die Harmonie ihrer wellenförmigen Schalenstruktur verführt unseren Geist zu ästhetischen Betrachtungen, und doch bietet sie bei näherem Zuschauen überraschend technische Vollkommenheiten ... Und wenn „schön" und „technisch" gar nicht im Widerspruch ständen? Der französische Ingenieur Le Ricolais sagte, es sei von Nutzen, „bei jeder Suche nach der richtigen Form von Strukturen den so mannigfaltigen Katalog natürlicher Formen zu betrachten". Manche Organismen „kennzeichnet eine offensichtliche Schönheit, die gewissermaßen die Wirksamkeit ihrer Struktur bestätigt".

Die *Isoflex*-Platte von Le Ricolais, nach dem statischen Prinzip der Jakobsmuschel, *Pecten jacobeus.* Durch das Verschweißen zweier Wellblechplatten wird die Struktur um das Siebenfache steifer gegenüber Torsionen (Verdrillungen) als ein einfaches Wellblech.

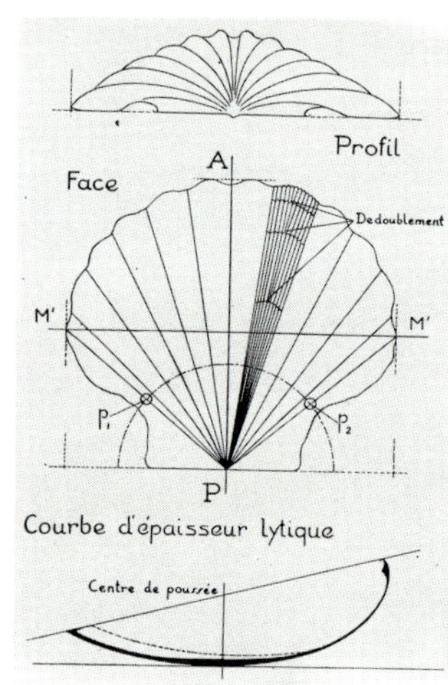

Bulletin des Ingénieurs civils de France (1935).

Technische Aufrisse einer Jakobsmuschel von Le Ricolais. Den Wellenformen der Rippen sind feinere Rippen überlagert, deren Zahl mit dem Wachstum der Schale zunimmt. Das Prinzip zusammengesetzter Wellbleche läßt sich auch auf Röhrenformen wie etwa Masten anwenden.

Atelier Le Ricolais / M. Mimram, Paris.

Die zwei Schalenhälften einer *Tridacna* von den Philippinen, einer Riesenmuschel, die man als Weihwasserbecken barocker Kirchen kennt. Ausgewachsene Exemplare erreichen die eindrucksvolle Größe von 1,20 m und ein Lebendgewicht von 250 kg. Die hohen Wellenformen sind in mehrfacher Hinsicht, statisch und funktionell, von Bedeutung: gegensinnige Krümmungen machen die Schale *eigenstabil* (die Festigkeit wird durch die Form selbst erreicht), die sinusförmig geschwungenen Ränder verlängern die Filterstrecke der Öffnung.
Gedeckte Markthalle von Royan in Frankreich: Sie besteht aus einer dünnwandigen Schale aus Stahlbeton. Geringste Dicke der Schale: 8 cm. Durchmesser: 50 m. Architekten: L. Simon und A. Morisseau, Statiker: R. Sarger (1955). Ihre Form erinnert an eine *Tridacna*. Zur Statik dieses Baues ist jedoch zu bemerken, daß auch die Scheitellinien der Wellen gegensinnige Krümmungen aufweisen müßten, wobei die Sinuskurven der Öffnungen noch über den höchsten Punkt der Schale zu liegen kämen. Eine solche statisch bessere Gestaltung hätte aber zugleich auch sehr große Fensterflächen mit sich gebracht. Hieran sieht man, daß technische und natürliche Konstruktionen oft gleichermaßen Kompromißlösungen darstellen.

Malakologie, MNHN, Paris / R. Landin.

Y. Coineau.

Aber kommen wir zu den technischen Kunstgriffen der Muschelschalen zurück: da die Hauptkrümmungen gegenläufig sind, befinden sich Zug- und Druckkräfte in der Schale in einem gewissen Gleichgewicht. Solche *eigenstabilen* Formen lassen eine geringe Schalendicke zu. Bei der überdachten Markthalle von Royan (Frankreich), die Simon und A. Morisseau entwarfen, und bei dem Restaurant *Los Manantiales* in Xochimilco (Mexiko) von Joaquín Alvarez Ordóñez und Felix Candela wurde dieses Prinzip angewandt.
Le Ricolais hat die gewölbte Schale der Jakobsmuschel, *Pecten jacobeus*, mit den Augen eines Ingenieurs studiert. Er stellte fest, daß durch die Wellen, die durch gegenläufige Krümmungen die Schale eigenstabil machen und damit eine geringe Dicke zulassen, selbst noch aus sekundären Wellen kleiner Amplituden bestehen, wodurch der mechanische Widerstand noch verbessert wird. Er wies außerdem daraufhin, daß durch diese besondere Gestaltung der Schale in jedem Stadium ihres Wachstums, in jedem Punkt und in jeder Richtung dieselbe mechanische Festigkeit verliehen werde (*isotrope Struktur*).
Und endlich trägt noch die wellenförmige Rippung, die im rechten Winkel zur Krümmung der Schale liegt, wie wir sie bei der Jakobsmuschel und bei Schalen vieler Meeresschnecken finden, zur Festigkeit bei.
Aus dieser letzten Feststellung entwickelte Le Ricolais die Idee zu seinen *„Isoflex-Tafeln“*, aus zwei Wellblechen zusammengeschweißten Strukturen, deren Wellenlinien sich rechtwinklig überlagern. Er stellte damit einen rohrförmigen Mast für die französische Marine, kleine Brücken sowie Fertigbauteile für mobile Häuser her.

B. Kresling.

(*Unten*) Kleines experimentelles Seifenhautmodell. Das Seifenhäutchen spannt sich von selbst zwischen der am Mast aufgehängten Schlaufe und dem mehrfach verankerten unteren Randfaden und bildet eine Minimalfläche.
Dieselbe Struktur als Testmodell aus Stahlkabeln im Maßstab 1/20. Die Mehrfachbelichtung des Photos gibt Punkt für Punkt die Verformungen an, denen das Netzwerk bei Belastungsproben unterliegt. Die endgültige Form wird mit Computern errechnet.

A. Chenais, La Rochelle.

Frei Otto, IL Stuttgart.

Zeltdachförmiges, zwischen Gräsern gespanntes Spinnennetz. Dieses Bauwerk ist einer technischen Konstruktion in vielem vergleichbar: druckbelastete Aufhängemasten und ein Netzwerk von Kabeln, das nur Zugbelastungen aufnimmt. Die Gestalt des Spinnennetzes (gegensinnige Krümmungen) verleiht ihm eine große mechanische Festigkeit.

Überdachung des Olympiastadions in München, 1972. Das Team von Technikern um Frei Otto hatte beeindruckend viele Probleme zu lösen, um eine Spannkonstruktion dieser Dimensionen durchzuführen (Gesamtfläche der Überdachungen: 74 800 qm).

Spinnennetze

GESPANNTE STRUKTUREN VON FREI OTTO

Technische Spannkonstruktionen (Spanndächer, Zeltdächer usw.) weisen Analogien zu Netzen einiger Spinnen auf: das Bauwerk selbst besteht aus rein auf Zug beanspruchten Seilen, Kabeln oder Zeltplanen, die tragenden Masten dagegen werden auf Druck beansprucht.
Gräser und Zweige dienen den Spinnen bei ihrem Netzbau als Druckstäbe, während sich die Fäden bei fast allen Typen von Netzwerken immer durch gegensinnige Krümmungen in Spannung befinden.

Es gibt eine technisch elegante Lösung, das Seilnetz nicht als Kabelbündel an den Mast anzuheften, sondern die Spannseile indirekt über eine weite Schlaufe aufzuhängen. Erst hinterher haben die Ingenieure festgestellt, daß manche Spinnen eine ähnliche Lösung für die entsprechende Verbindungsstelle gefunden haben.
Man weiß auch, daß die Spinnen beim Fadenknüpfen in jedem Punkt mit Präzision die nötige Spannung ermitteln können. Frei Otto und seine Mitarbeiter hatten am Modell der Spannkonstruktion Punkt für Punkt die jeweiligen Spannungszustände gemessen.

SPANNSTRUKTUREN UNTER WASSER

Die Wasserspinne *Argyroneta aquatica* lebt im Süßwasser, wo sie ruhige Stellen mit Wasserpflanzen bevorzugt. Sie spinnt die Fäden unter Wasser, haftet sie an den Pflanzen an und bringt selbst soviel Luft herbei, bis eine große Luftblase entsteht, die, wie ein Fesselballon unter dem Netz gefangen, dieses nach oben drückt und damit spannt. Beim Untertauchen unter die Wasseroberfläche bleibt auf dem wasserabweisenden Haarpelz ihres Hinterleibs eine Luftschicht hängen, die silbrig glänzt und der Spinne den Namen verliehen hat. Mit dieser Luft beliefert sie ihre Taucherglocke.
Nach Art dieser kleinen Wasserspinne nutzt der französische Architekt Jaques Rougerie den Druck von unter halbflexiblen Geweben eingefangenen Luftkammern, um seine Meeresbauten zwecks besserer Verankerung unter Spannung zu halten.

Eine der originellsten Tierbauten, die Taucherglocke der Süßwasserspinne *Argyroneta aquatica*. Beim Untertauchen schleppt sie am Hinterleib Luft mit, die sie unter dem feingesponnenen, fast unsichtbaren Netz unterbringt. Die Luftglocke ist von unten frei zugänglich.

E. Kullmann, Köln.

Projekt von Unterwasserbehausungen für die Jungferninseln der Karibischen See. Die „Farmen" für 250 Taucher wurden vom französischen Architekten Jacques Rougerie 1974 entworfen. Die halbflexiblen Zeltformen sind am Grund verankert (in etwa 35 m Tiefe) und werden von unter ihnen befindlichen Luftkammern gespannt. Die Taucher können in diese Kammern von unten frei einsteigen.

J. Rougerie, Paris.

1

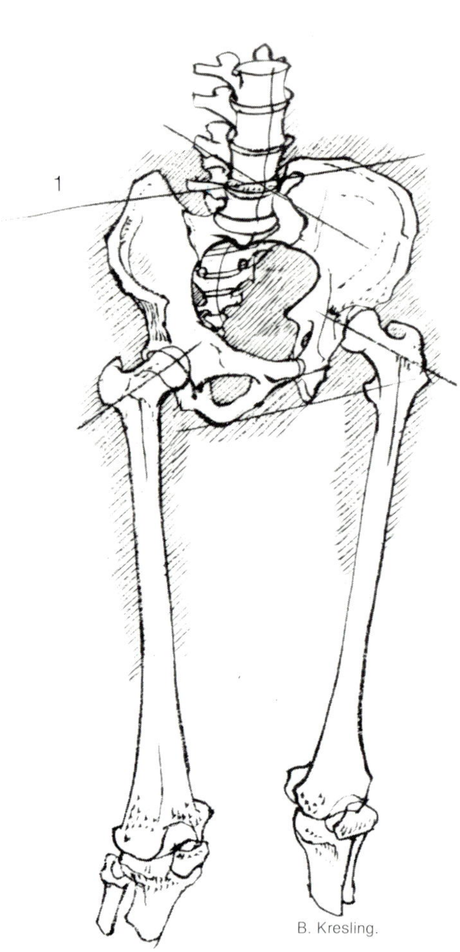

B. Kresling.

2

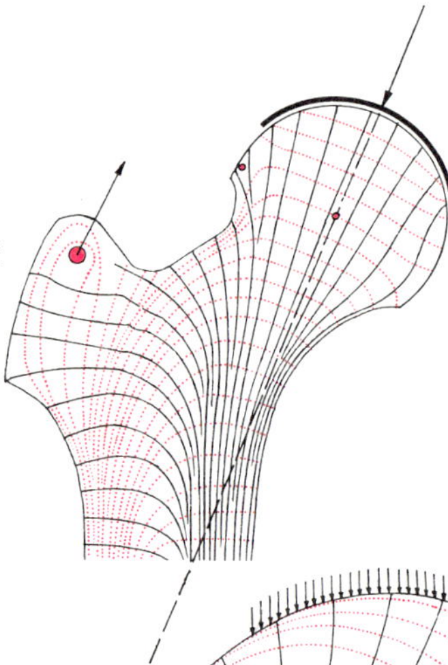

3

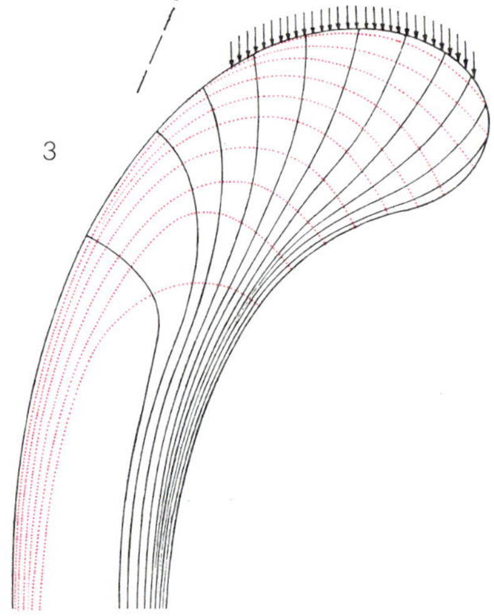

4

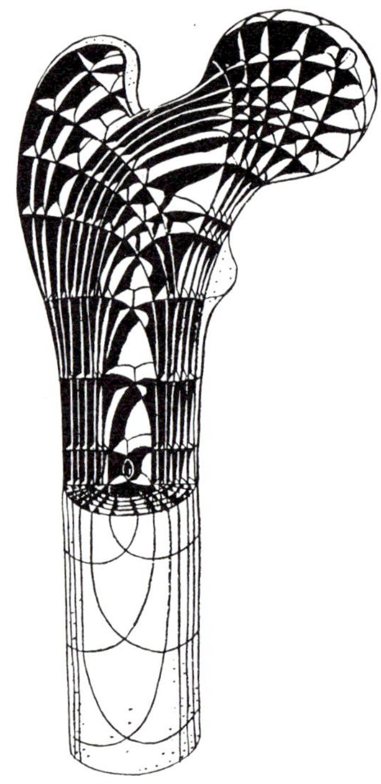

B. Kresling, nach B. Kummer (1966).

1. Menschliches Skelett: Becken und Femur (Oberschenkelknochen).
2. Der Anatom H. von Meyer entdeckte in der Spongiosa-Architektur des Femurs eine vollkommene funktionsangepaßte Ordnung: die mittleren Richtungen der feinen Knochenbälkchen folgen Zugspannungen (auf der Zeichnung rot) und senkrecht dazu stehend Druckspannungen (schwarz).
3. Die Erklärung dazu wurde vom Statiker K. Culmann vorgeschlagen. Er bestimmte den Kraftlinienverlauf eines Krans, dessen Form an den oberen Teil eines Femurknochens erinnert (1870). 4. Räumliche schematische Darstellung der Spannungstrajektorien im Femurkopf.
5. Vordach des Unesco-Palastes in Paris. Architekt: P. L. Nervi. Die auf drei Pfeilern aufgelagerte Betondecke wird von Rippen versteift, deren Verlauf den Linien der tatsächlich auftretenden Kräfte folgt. Das Bauprinzip der Rippendecke wurde durch die Spongiosa-Architektur des Femurknochens, von K. Culmann und H. von Meyer beschrieben, angeregt.

6

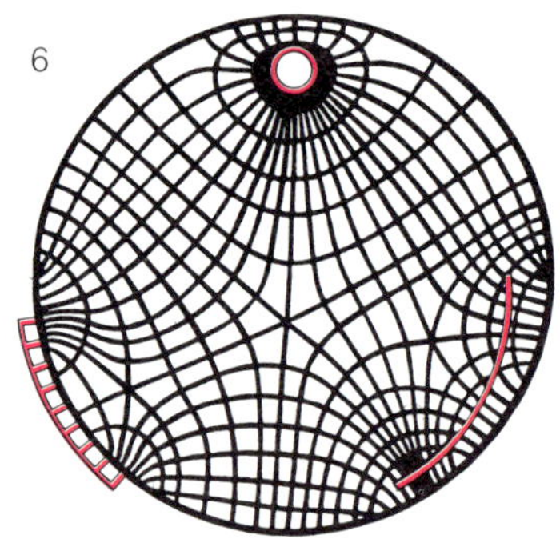

6. und 7. Decke eines Biologiehörsaales (Universität Freiburg im Breisgau). Die kreisförmige Decke hat einen Durchmesser von 24 m und wird an 3 Auflagerstellen unterstützt (in der Zeichnung rot). Der durch Modellversuche ermittelte Verlauf der sogenannten *isostatischen* Rippen folgt wie beim natürlichen Vorbild, dem Knochen, tatsächlich auftretenden Kräften. Die Decke gibt somit Anschauungsunterricht in Statik für . . . Biologiestudenten!

5

J.-M. Baufle, mit Erlaubnis der Unesco, Paris.

7

H.-D. Hecker und L. Dogerloh / B. Krupp, Universitätsbauamt Freiburg im Breisgau.

■ Das Skelett von Wirbeltieren als Vorbild

Der Femurknochen des Menschen

Wir wissen alle, daß der Knochen des Oberschenkels, der Femur, aus einem mittleren, mit Knochenmark gefüllten rohrförmigen Teil, der *Diaphyse,* besteht, deren Wände aus kompaktem Knochenmaterial sind, sowie aus zwei verbreiterten, recht kompliziert geformten Gelenkenden den *Epiphysen,* die beide aus einer schwammartigen Knochensubstanz, die man *Spongiosa* nennt, aufgebaut sind. Bricht man den Knochen an der Stelle der Spongiosa auseinander, kommt eine Knochenstruktur zum Vorschein, die anscheinend ohne jede Ordnung ist, ein Wirrwarr aus unzähligen kleinen unregelmäßigen Hohlräumen.

Alexander Rodet hatte schon 1844 in einem Längsschnitt durch einen Femurkopf gewisse Richtungen im Verlauf der Knochenbälkchen der Spongiosa erkennen können. Als Arzt interessierten ihn Knochenbrüche des Oberschenkelhalses, deren Mechanismen er zu verstehen suchte.

Der halbkugelfömige Gelenkkopf des Femurs schmiegt sich in eine Höhlung des Beckens (Gelenkpfanne des Hüftknochens) ein, seine Achse liegt aber nicht in einer geradlinigen Verlängerung des Röhrenknochens, sondern beschreibt einen Knick. Das Gewicht des Körpers, das der Knochen zu tragen hat, lastet auf einer seitlichen Auskragung.

Hermann von Meyer, Anatomieprofessor in Zürich, untersuchte um 1870 die Architektur der Knochenspongiosa und befaßte sich auch mit der Mechanik des menschlichen Beckens. Er entdeckte dabei die von Rodet beschriebenen Strukturen aufs neue.

Der Ingenieur und Mathematiker Karl Culmann gab ihm dabei eine entscheidende Hilfe. Er verglich den Femur mit einem Kran, der das Gewicht des Körpers zu tragen hätte und zeigte auf einem graphischen Schema den Verlauf der Kräftelinien, die sich notwendigerweise senkrecht schneiden mußten: ein inneres System von Druckspannungen und, rechtwinklig dazu, ein äußeres System von Zugspannungen.

Die Übereinstimmung der beiden schematischen Zeichnungen, dem Knochen von Meyer und dem Kran von Culmann, ist so überzeugend, daß sich weitere Kommentare erübrigen.

Der Arzt erhielt auf diese Weise vom Mathematiker eine physikalische Erklärung für die Ausrichtung der Knochenbälkchenzüge. Und der Ingenieur fand im Gelenkkopf des Femurs ein Modell, das erprobt war und das bestätigte, daß die Fasern eines Materials, die geschickt entlang der Trajektorien von Zugkräften und Druckkräften angeordnet waren, den Entwurf neuartiger leichter Konstruktionen erlaubten.

In seiner Doktorarbeit, die Pascal Guinet* 1984 an der medizinischen Fakultät in Paris schrieb, erforscht er den Beitrag der Anatomie zur Metallarchitektur des ausgehenden 19. Jahrhunderts, insbesondere zu den weitgespannten Bogenbrücken wie dem Viadukt von Garabit und zum Eiffelturm.

Er teilt dem Leser seine Überzeugung mit, daß Maurice Koechlin durch die Arbeiten von Culmann beim Entwurf des Eiffelturms, an dem er grundlegend beteiligt war, beeinflußt worden ist. Koechlin hatte am Polytechnikum in Zürich die Vorlesungen Culmanns in graphischer Statik gehört

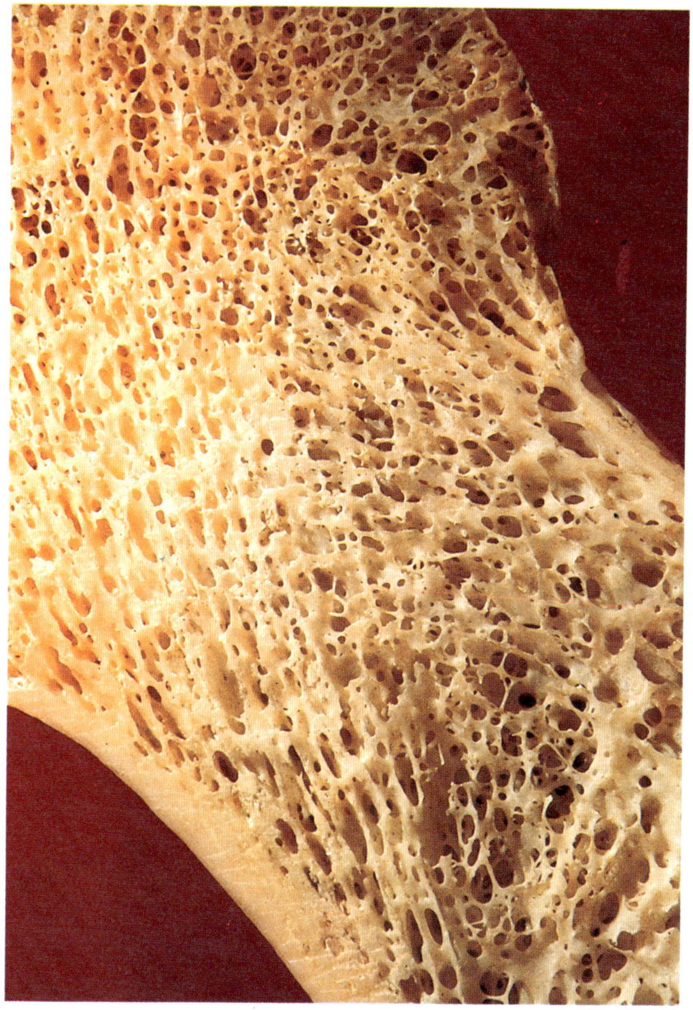

Vergleichende Anatomie, MNHN, Paris / A. Gordon.

Die Struktur des Stahlfachwerkes des Eiffelturms hat eine enge Verwandtschaft zur Architektur des Femurknochens: einer der Schüler von K. Culmann am Polytechnikum in Zürich, Maurice Koechlin, wurde beauftragt, den „Turm von 300 Metern" für die Pariser Weltausstellung von 1889 zu entwerfen und statisch zu berechnen.

Boja.

Frei Otto, IL Stuttgart.

Flexibler Mast eines experimentellen Krans, von Frei Otto. Aufnahme mit Mehrfachbelichtung. Wie bei einer Wirbelsäule werden gelenkig miteinander verbundene, Druckkräfte aufnehmende Elemente von Spannkabeln verspannt und in Stellung gehalten.

und kannte daher mit Sicherheit auch das Anwendungsbeispiel von Kran und Femurknochen.
Dieses statische Prinzip, das im wesentlichen darin besteht, den tatsächlichen Kraftlinienverlauf von Druck- und Zugkräften zu bestimmen und dementsprechend das Material in der Tragkonstruktion anzuordnen, wurde nicht nur bei Stahlbauten angewandt. Der italienische Ingenieur P. L. Nervi meldete ein Patent* für die Herstellung von vorgefertigten tragenden Betonelementen an, die von sogenannten *isostatischen* Rippen verstärkt werden. Die Form und Verteilung dieser Rippen bringen den tatsächlichen Trajektorienverlauf von Druck- und Zugkräften zum Ausdruck. Im Text des Patentes steht folgender Hinweis: „Beispiele dafür findet man häufig in der Natur, und das der Knochenbälkchen, die Culmann als erster beobachtete, ist klassisch". Nervi hat nach diesen Prinzipien mehrere Bauten aus Beton, wie das Vordach des Unesco-Palastes in Paris und das Halbgeschoß des *Palazzo del Lavoro* in Turin, entworfen. Auch die Betondecke des Biologiehörsaals der Universität Freiburg im Breisgau, vom Architekten H.-D. Hecker entworfen, hat solche isostatischen Rippen.

Die Wirbelsäule

Frei Otto schlug einen biegsamen Mast vor, der wie eine Wirbelsäule gestaltet ist: entsprechend den Sehnen sind die Spannkabel an Fortsätzen von dreieckigen Elementen fixiert, die wie Wirbel die Druckkräfte aufnehmen; sie können das System in jeder beliebigen Stellung verspannen.

Das Pterygoid der Pythonschlange

Wie man weiß, können Schlangen Beutetiere im ganzen verschlingen, die beträchtlich größer als ihr eigener Kopf sind. Das Gelenk ihrer Kieferknochen ist nicht so einfach wie das unsere. Es ist doppelt und bewegt sich über ein zwischengeschaltetes Verbindungsstück, das Quadratum, das zwischen dem Unterkiefer und dem Schädelknochen liegt. Dies ermöglicht ein Verschieben der Unterkiefer nach vorne oder nach hinten gegenüber dem Schädeldach. Die Fähigkeit, das Maul weit aufzusperren, wird noch durch ein elastisches Gewebeband vorne zwischen den Unterkieferknochen verbessert, sowie auch durch die Dehnbarkeit des Mundbodens und der Haut. Zahlreiche nach hinten gebogene Zähne dienen dem Tier als Widerhaken. Es kann die Kieferknochen abwechselnd rechts und links verschieben, was durch die

B. Kresling.

1

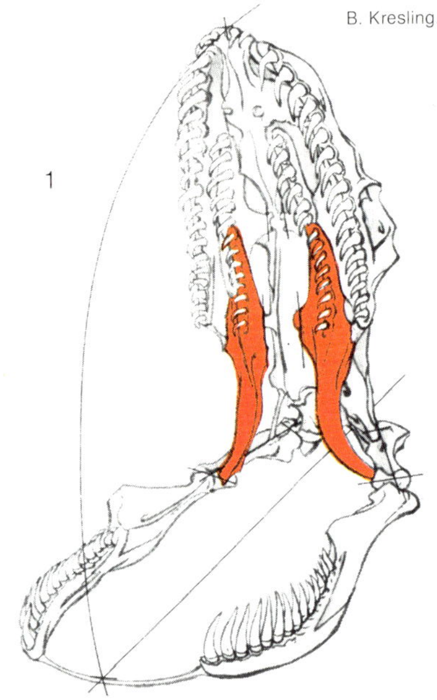

2

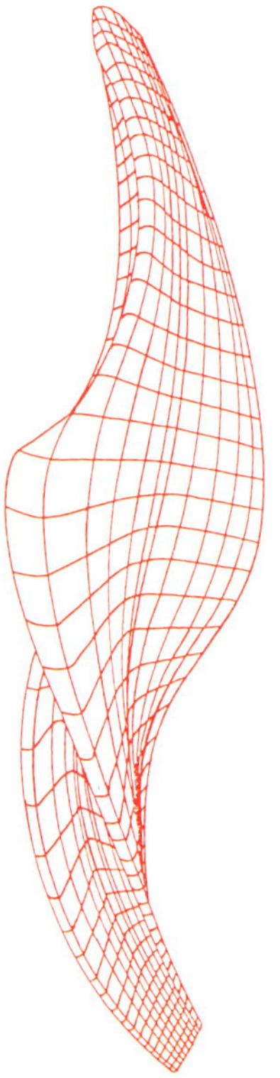

1. Schädel eines Tigerpythons. Der hintere wendelförmig ausgebildete Teil des Oberkiefers, das Pterygoid, bildet zusammen mit dem Quadratum ein besonderes doppeltes Gelenk, das es der Pythonschlange erlaubt, ein großes Beutetier ganz zu verschlingen.
2. Geometrische Schemazeichnung des Pterygoid der Pythonschlange.
3. Stuhl aus glasfaserverstärktem Kunstharz, Entwurf von F. Vanden Broeck, 1984. Die verwundene Form am Übergang von den Stuhlbeinen zur Sitzfläche und zur Rükkenlehne wurde durch die Struktur des Pterygoids der Pythonschlange angeregt.

3

Nach F. Vanden Broeck, Beaux-Arts von Lausanne (1984).

elastischen Verbindungen dieses Knochen-Puzzles möglich gemacht wird, und zieht nun förmlich seine Beute Stück für Stück in den Schlund. Durch eine kräftige Muskulatur wird der ganze Schlingapparat zusammengehalten. Das hintere Stück des Oberkiefers, das sogenannte *Pterygoid,* ist dabei der Hauptansatzpunkt dieser Muskeln.

Fabrice Vanden Broeck interessierte sich, als er industrielles Design in Lausanne studierte, für die Biomechanik des Pythonschädels. Er ging von der Überlegung aus, daß das Pterygoid trotz seines zerbrechlichen Aussehens eine der Funktion besonders gut angepaßte Struktur haben müsse. Die Untersuchung der Form auf die verschiedenen Belastungen hin, denen sie unterliegt, bestärkte noch seine Vermutung. Er sah in diesem Knochen die Modellform einer schraubenförmigen Struktur, deren Bauprinzip sich auch für andere Gegebenheiten anwenden ließe. Er entwarf selbst einen Stuhl aus glasfaserverstärktem Kunstharz und machte einige Vorschläge, wie sich mit Hilfe dieser in sich verwundenen Form widerstandsfähige, aber zugleich elastische Profile herstellen oder aber Stabtragwerke großer Abmessungen bauen ließen (Brücken, Träger, Kräne usw.)

Das Becken von Straußenvögeln

Weiter ist es interessant, auf die Konvergenz der Struktur des Beckens von Straußenvögeln (wie Strauß und Emu), auf dem das ganze Gewicht beim Laufen lastet, und der Architektur von Brücken mit einem zentralen Pfeiler, wie beispielsweise die Brücke über den Firth of Forth in Schottland, aufmerksam zu machen. Auch zeigen einige Betonbrücken formale und statische Übereinstimmungen mit Vogelbecken.

Die Knochennähte des Schädels

Der Architekt Jacques Couëlle war ein eifriger Besucher der Sammlungen der Vergleichenden Anatomie im Pariser Naturhistorischen Museum. Ihm war besonders der solide Bau des Schädeldaches aufgefallen, und er untersuchte daher die Verbindungsfugen der Knochenplatten, aus denen sich der Schädel zusammensetzt. Die Ränder der Nähte greifen auf komplizierte Weise ineinander, ihre Zeichnung erinnert an den eng gekräuselten Rand eines Petersilienblattes. Sie sind außerdem so miteinander verzahnt, daß ihre Zeichnung von außen nicht dieselbe ist wie die, die man von innen sehen kann. Daraus ergibt sich eine beträchtliche Vergrößerung der Kontaktzonen, wodurch das Auseinanderklaffen oder Aufplatzen verhindert wird.

Wird von innen ein Druck auf die Wand eines Behälters ausgeübt, überträgt er sich auf die Wand so, daß tangentielle Querkräfte entstehen, die die Wand zu dehnen suchen.

Die Nähte der Knochenplatten des Schädels stellen also Schwachstellen dar, deren Nachteile jedoch durch die Art der Verbindung wieder aufgehoben werden.

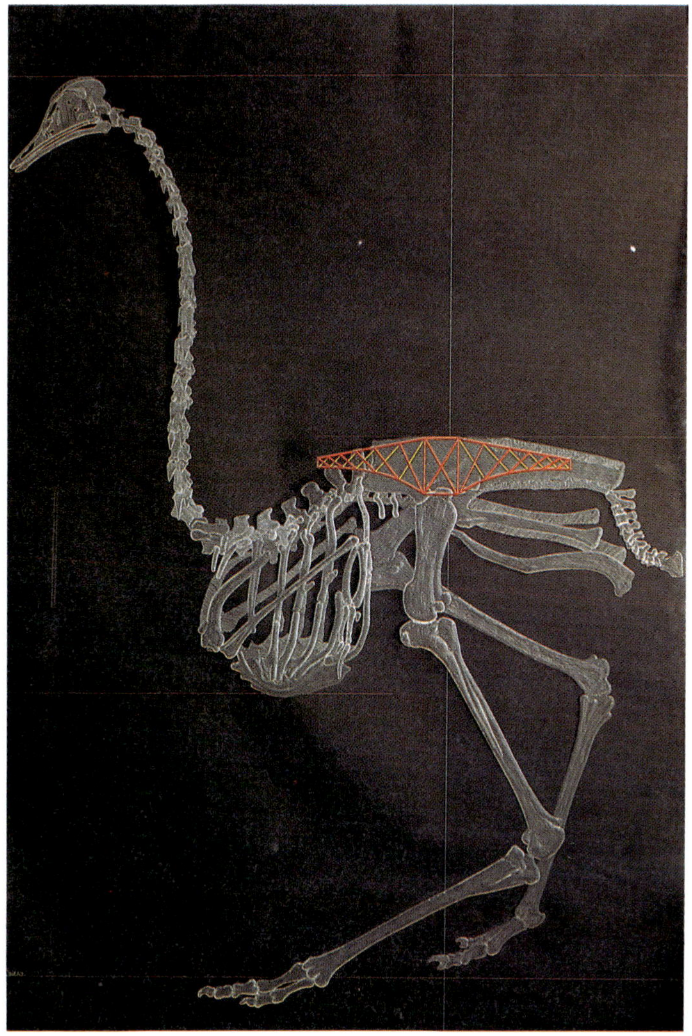

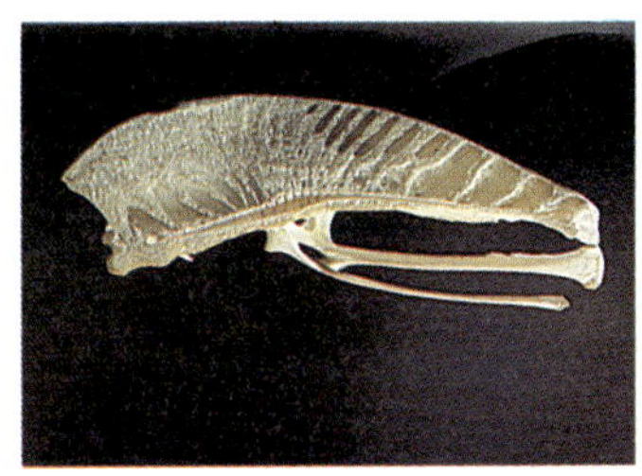

Skelett eines Straußes, *Struthio massaicus.* Dem Becken ist ein schematisches Modell eines Brückenteils der Eisenbahnbrücke über den Firth of Forth in Schottland überlagert (1883–1890, Ingenieure B. Baker und J. Fowler). Der Längsschnitt durch das Becken eines Emu (ebenfalls ein Straußenvogel) zeigt eine bemerkenswerte Analogie zur Stahlbrücke.

Gravur auf Plexiglas von Cabé, nach einer Zeichnung von B. Kresling / R. Landin.

Vergleichende Anatomie, MNHN, Paris / A. Gordon.

CCI, Paris.

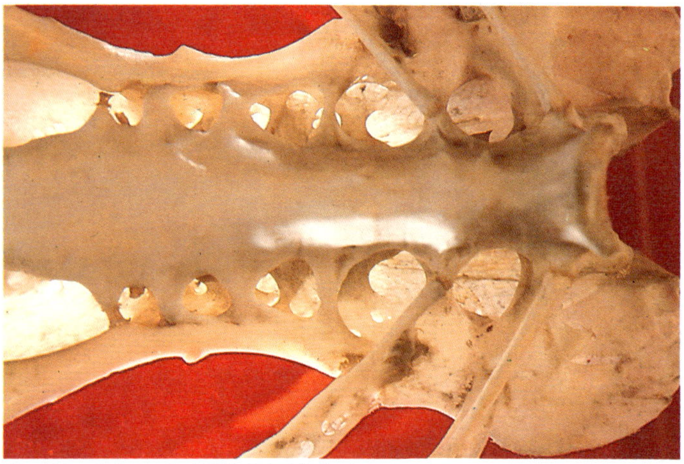

Vergleichende Anatomie, MNHN, Paris / A. Gordon.

Ausschnitt der mit den Beckenknochen verschmolzenen Wirbelsäule eines Habichts, *Accipiter gentilis*.

1

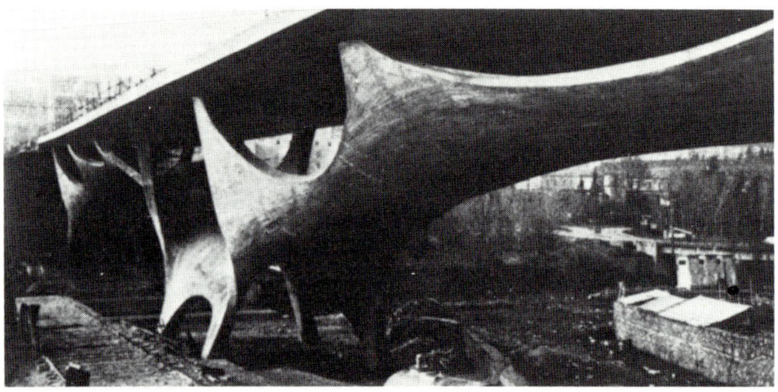

2

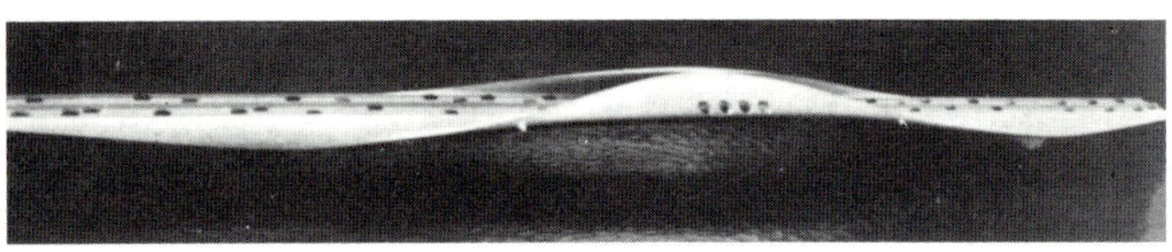

3

Brückenkonstruktionen aus Beton, die an Vogelbecken erinnern:
1. Brücke über den Basento bei Potenza, Italien (1972–1974). Die stützende Schale des Unterbaus weist eine gleichmäßige Druckverteilung auf.
2. Entwurf einer Brücke von P. Soleri.
3. Photomontage eines Entwurfs für die Brücke Garibaldi in Rom, vom Architekten P. L. Nervi.

Dokumente CCI, Paris / Architecture d'aujourd'hui, Architettura.

Der Architekt J. Couëlle hatte daraufhin die Idee, dieses Prinzip für den Bau von Wasserreservoirs des militärischen Befestigungsgürtels der Maginotlinie anzuwenden, wobei er den Fugen zwischen den Betonplatten der Wände mit Hilfe der von ihm erfundenen Technik von „Präge-Streifen" eine besondere Form gab.

Mit Hilfe einer Art riesiger Schraubzwinge aus Nußbaumholz, deren innere Wangen abwechselnd Kerben und Vorsprünge trugen, prägte er Wachspapierstreifen in eine komplizierte Form. Diese Bänder wurden dann noch zerknittert, gebogen und so in Verschalungen auf Bewehrungseisen aufgefädelt, daß sie an die Stelle der zukünftigen Fugen zu liegen kamen. Sie wurden in den Beton miteingegossen und nach dem Erhärten der Platten herausgezogen. Auf diese Weise waren Dehnungsfugen komplizierter Form entstanden, die man dann abdichtete. Dieses Relief der Plattenränder wirkte den Tangentialkräften in den Elementen entgegen und hinderte diese am Auseinanderklaffen.

J. Couëlle erweiterte die Anwendung dieses Prinzips auf ein System von Pflastersteinen aus Beton, die er „Stereolithen" nannte. Eine besondere Ausformung der senkrechten Ränder gibt diesen Platten einen guten Zusammenhalt, wenn tangentielle Kräfte wie die von Rädern bremsender Autos auftreten. Daher wurden diese Stereolithbeläge für Bremszonen von Autobahnen gewählt.

Knochenplatten eines menschlichen Schädels. Die beiden Ränder greifen genau ineinander, dank einer komplexen Ausbildung der Nähte.
Der Architekt J. Couëlle hat mit diesem 1943 entwickelten Patent seines „Präge-Streifens" das Prinzip der komplizierten Ausbildung von Knochennähten des Schädels auf technische Dehnungsfugen übertragen.

Vergleichende Anatomie, A. Gordon.

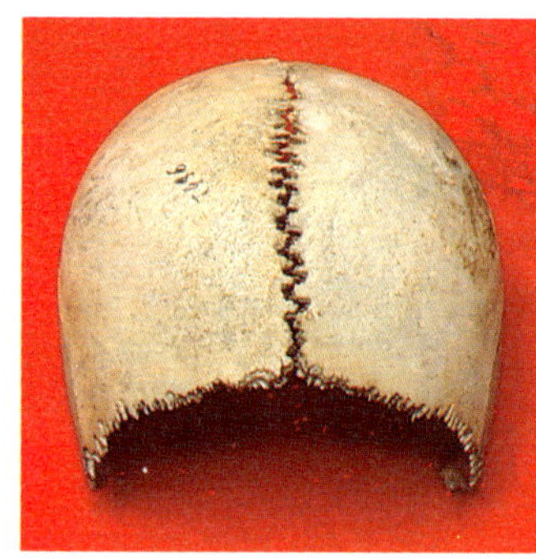

Nach dem Patent von J. Couëlle, INPI (Patentamt) Paris.

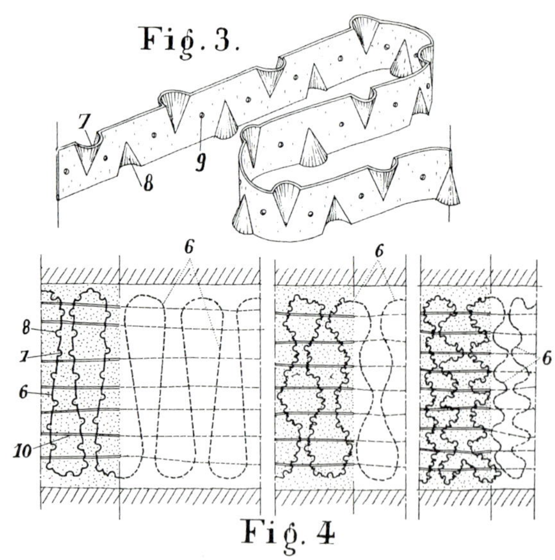

Der Technik vorgemacht: die Eroberung des Festlands

BEINE GEGEN RÄDER ODER WIE SICH DIE NATUR REVANCHIERT

Kommt man auf den Reichtum natürlicher Systeme unter dem Aspekt der Technik zu sprechen, so meldet sich unweigerlich immer eine Stimme, die unsere Ansprüche auf diesem Gebiet vertreten will und die sagt: „Ja, aber eines hat die Natur nicht ‚erfunden': das Rad!"
Es gibt in der Wüste von Namibia, in Südwestafrika, eine Spinne der Gattung *Carparachne*, die White Lady, die auf besondere Art die Dünenhänge hinuntergelangt. Wenn sie sich bedroht fühlt, klappt sie ihre acht Beine ein, geht sozusagen seitlich in die Knie und rollt auf diesen acht Speichen wie ein Rad hinunter. Unten angekommen, klappt sie sich wieder auf und läuft normal weiter. Selbstverständlich dreht sich die Frage nicht um solcherlei „Räder", sondern es geht um das System Stator/Rotor, eine feste Achse, um die sich ein zweites Element frei drehen kann, wie beim Rad, das sich um die Nabe dreht. Nach demselben Prinzip, nur umgekehrt, kann das System beispielsweise auch aus einer beweglichen Welle bestehen, die in einem Kugellager läuft. Und

Ein Pillendreher (*Ateuchus sacer*), der seine Mistkugel rollt.

Anne und Jacques Six, Paris.

REM x 40

(*Oben*) Makroaufnahme der Rükken- und Bauchschuppen von *Leimadorphys typhlus*, einer in Guyana lebenden Schlange. (*Links und unten*) Die Feinstruktur der Bauchschuppen im REM. Die parallelen Faltungen fördern und führen die Gleitbewegung, die nach hinten angehobenen Spitzen verhindern das Zurückrutschen.

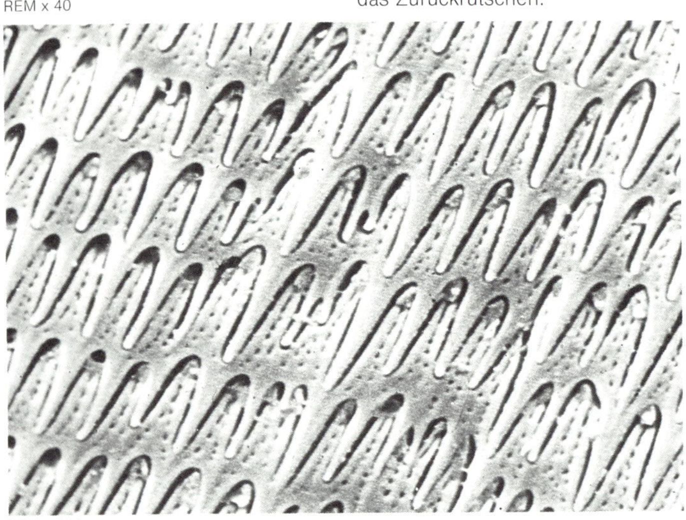

REM x 700

genau solch eine Vorrichtung wurde kürzlich bei einer Bakterie entdeckt, dem *Chromatium okenii*. Sie ist mit einer Geißel ausgestattet, die sich inmitten eines Kranzes von Organellen dreht, der die Schaftbasis der Geißel wie ein „Kugellager" umgibt. Aber wir müssen zugeben, daß wir eigentlich der Frage aus dem Wege gehen, wenn wir als Beispiel für ein Rad in der Natur einen einzelligen Organismus wählen. Denn die Schwierigkeit, derentwegen sich dieses System bei Mehrzellern nicht verwirklichen läßt, ist, daß es bei höheren Organismen keine Diskontinuität, also keine Unterbrechung, geben darf. Und deshalb gibt es zugegebenermaßen kein befriedigendes Beispiel. Aber im Grunde kommt es ja gar nicht darauf an! Die Natur beherrscht so meisterlich den Gebrauch von Beinen, beim Laufen, Springen, Rennen! Trotz des Erfolges der Geländewagen und des Vierradantriebs kann das Rad nicht jedes beliebige Hindernis überqueren, rollende Fahrzeuge hängen von gewissen Beschaffenheiten des Untergrundes ab. Beine sind auf einem unregelmäßigen Untergrund ganz ohne Frage von Vorteil. Die Kontrolle eines technischen Laufsystems ist allerdings so kompliziert, daß sich erst in den letzten Jahren mit der Steuerung durch Computer verheißungsvolle Aussichten eröffnet haben.

Oberfläche mit gerichtetem Reibungskoeffizienten, Patent, das 1983 von G. Castanet, J.-P. Gasc und S. Renous vom Naturhistorischen Museum in Paris angemeldet wurde. Die Erfindung erhielt ihre Anregung von der Feinstruktur der Schlangenschuppen.

Dokumente: J.-P. Gasc, S. Renous, J. Menier, MNHN, Paris.

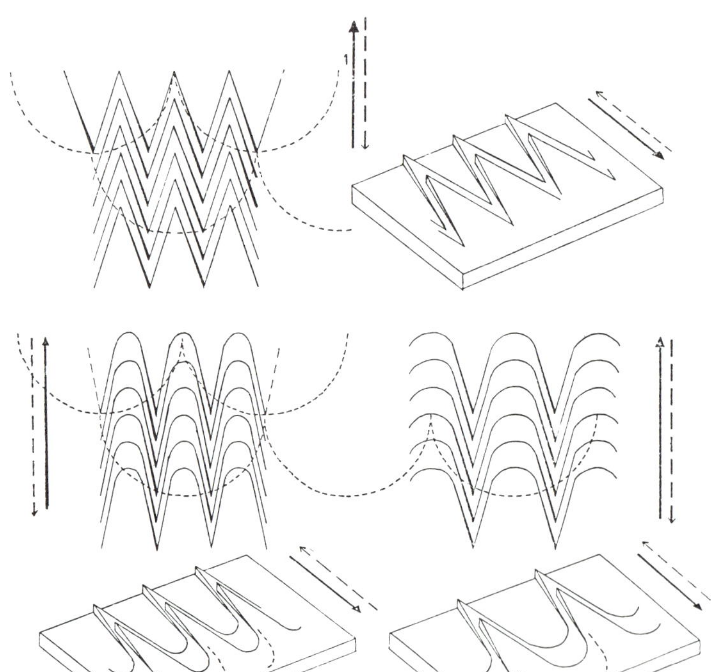

DIE SCHLANGENHAUT UNTER DIE LUPE GENOMMEN

Jacques Castanet*, Jean-Pierre Gasc* und Sabine Renous* vom Naturhistorischen Museum in Paris untersuchten die Feinstruktur der Schuppen von Reptilien. Sie stellten fest, daß die Schuppen am Bauch andere Zeichnungen aufweisen als die des Rückens, und daß diese mikroskopischen Strukturen mit der Lebensweise im Zusammenhang stehen. In der Strukturierung der am Boden lebenden Tiere fanden die Wissenschaftler das Modell für eine Oberfläche, die ein Zurückrutschen verhindert und zugleich ein gerichtetes Vorwärtsgleiten begünstigt.

Die Oberfläche der Schlangenschuppen ist von winzigen, nach hinten gerichteten lanzettförmigen Erhebungen bedeckt, deren leicht angehobene Spitzen das Zurückrutschen verhindern. Ihre parallele Anordnung führt noch die Gleitbewegung. Andererseits hat die Schuppe mehrere Faltungen in Längsrichtung, die die Wirkung von Kufen haben. Diese mikroskopisch feine Struktur wurde als Vorbild für rutschfeste und gleitstabilisierende Beläge vorgeschlagen (z. B. Ski, Schuhsohlen, Förderbänder) und als Patent angemeldet.

Eines Tages werden Skilangläufer dank dieser neuartigen Feinstruktur ihrer Skisohlen, deren Maßstab der Körnchengröße von Schneekristallen angepaßt ist, leichter und mit mehr Sicherheit durch den Schnee gleiten können. Das natürliche Vorbild hat sich bewährt, die Idee ist lanciert . . .

DER REGENWURM-ROBOTER

Der technische Fortschritt hat dem Menschen neue Umwelten erschlossen, die ihm ihrer Form oder Enge wegen (Rohrleitungen von Satelliten zum Beispiel) oder ihrer gefährdenden Atmosphäre wegen (zum Beispiel Atomreaktoren) nicht direkt zugänglich sind. Um diesem Mangel abzuhelfen, haben Y. Demarque, M. Lambert und P. Malléjac von der Universität der Picardie (Amiens, Frankreich) einen mobilen Roboter nach dem Vorbild des Regenwurms entwickelt. Dieses Tier besitzt einen langgestreckten Körper mit vielen Querfurchen (zwischen 100 und 180). Die Furchen kennzeichnen die vorderen und hinteren Grenzen der Segmente, aus denen der Körper aufgebaut ist und die man *Metamere* nennt.

Die Segmente sind vor allem von Längs- und Ringmuskeln durchzogen und haben alle in etwa einen vergleichbaren anatomischen Aufbau. Sie besitzen auch kleine Borsten, die man fühlt, wenn man mit dem Finger von hinten nach vorne über sie streicht. Die Borsten sind in Viererreihen angeordnet, jeder Ring besitzt vier Gruppen von jeweils zwei Borsten. Mit Hilfe von Muskeln können sie vorgeschoben oder zurückgezogen werden. Die Körpersegmente sind durch querverlaufende, mehr oder weniger dichte Scheidewände, die man *Dissepimente* nennt, voneinander getrennt, und ihr Volumen wird zum Teil durch eine flüssigkeitsgefüllte Höhle, die *Coelomhöhle*, ausgefüllt.

Wenn sich die Ringmuskeln kontrahieren, wird der Durchmesser des betreffenden Segments kleiner. Da es aber mehr oder weniger dicht abgeschlossen und mit einer nicht kompri-

F. Ternet / Vandystadt.

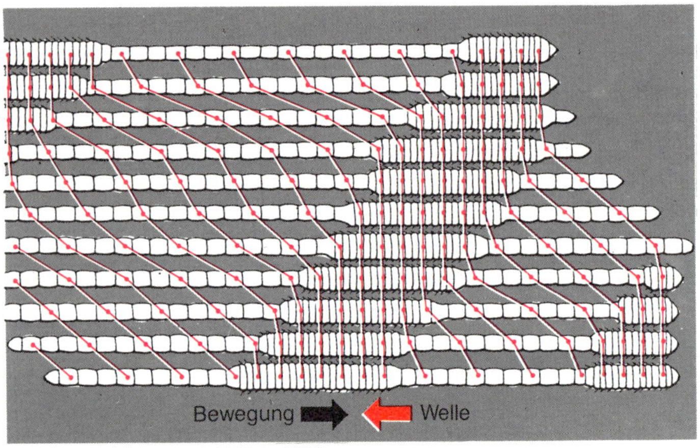

Nach Gray und Lissmann, *in* M. Wells (1968).

Schematische Darstellung der Fortbewegung des Regenwurms in *peristaltischen* Wellen. Die Kontraktionen und Verlängerungen der Segmente durchlaufen den Körper von vorne nach hinten als sich folgende Wellen. (*Darunter*) Der „Regenwurm-Roboter" von Y. Demarque, H. Lambert und P. Malléjac. Mit Hilfe von hydraulischen Pressen können sich die Segmente zusammenziehen oder in Längsrichtung ausstrecken. 3-achsige Gelenkverbindungen zwischen den Segmenten erlauben Schwenkbewegungen.

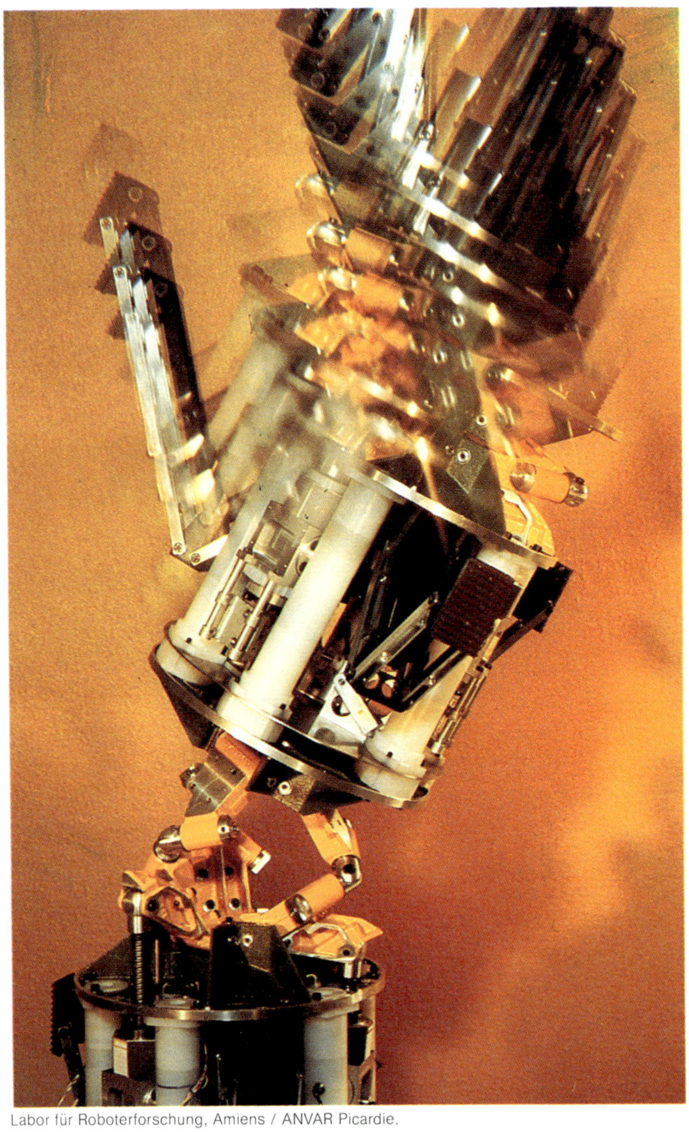
Labor für Roboterforschung, Amiens / ANVAR Picardie.

mierbaren Flüssigkeit gefüllt ist, sich infolgedessen sein Volumen also nicht verändern kann, wird das Segment verlängert. Kontrahieren sich nun die Ringmuskeln, verkürzt sich das Segment, wobei das Volumen wieder unverändert bleibt. Das Segment wird dicker.

Wenn das Segment gestreckt ist, treten die Borsten hervor und können sich dann an den Wänden der unterirdischen Gänge abstemmen. Auf diese Weise stützen sie das Tier. Man muß wissen, daß ein Regenwurm trotz seiner Verformbarkeit und seiner scheinbaren Zartheit in Höhe seines Vorderendes einen Druck von 1000 g/cm^2 erzeugt. Im Vergleich dazu liegt der mittlere Druck unter den Füßen eines aufrecht stehenden Menschen in der Größenordnung von 150 g/cm^2 . . . Der Druck, den ein Regenwurm erzeugen kann, kommt somit ohne Zweifel dem von Pfennigabsätzen, die ihre Spuren im Asphalt hinterlassen, recht nahe! Das Tier wird durch eine Folge von Kontraktionen und Streckungen, die seinen Körper wie Wellen durchlaufen, nach vorne geschoben. Diese koordinierte Bewegung wird als *Peristaltik* bezeichnet.

Der „Regenwurm-Roboter" besteht wie sein lebendes Vorbild aus einer Reihe ähnlich gestalteter, autonomer Elemente, die nach Belieben miteinander verbunden werden können. Jedes Segment kann sich in Längsrichtung zusammenziehen oder ausstrecken und sich in drei Richtungen krümmen. Eine lokale Steuerinformation, die in jedes Segment eingebaut ist, macht daraus eine völlig moduläre Einheit, was für eine zentrale Steuerung vorteilhaft ist. Aufeinander abgestimmte und periodisch wiederkehrende Tätigkeiten können also eine peristaltische Bewegung verursachen, die sich in einem oder mehreren Wellenzügen fortpflanzt. Mit Hilfe von kleinen, abspreizbaren Füßen kann sich der Roboter auf der Unterlage oder an umgebenden Wänden abstützen.

AUF VIER ODER SECHS BEINEN: ÜBER LAUFENDE ROBOTER

Das Rad eines sich bewegenden Fahrzeugs rollt seine Auflagerpunkte kontinuierlich ab und trägt dabei in jedem Augenblick das Gewicht des Fahrzeugs. Das Bein einer Laufmaschine muß, um sich nach vorne zu bewegen, einen Aufsatzpunkt verlassen, um sich auf einen anderen zu setzen. Das geht nur, wenn es zuvor von seiner Last befreit wurde — und gerade sie hatte als Stütze gedient und zum Gleichgewicht beigetragen. Der Beinwechsel kann erst stattfinden, wenn die anderen Beine so angeordnet sind, daß sie das Gewicht tragen, oder während „Flugphasen", wie sie beim schnellen Lauf vorkommen. Die Fotografien, die Eadweard Muybridge im letzten Jahrhundert von Tieren in Bewegung machte, haben gezeigt, daß bei manchen Phasen des Trabs oder des Galopps alle Beine des Pferdes vom Boden abgehoben sind.

Man muß daher 2 Typen von Laufmaschinen unterscheiden:

- Solche, die immer genügend Stützpunkte auf dem Boden behalten, um ihr Gleichgewicht zu halten: *kriechende Maschinen.*

1

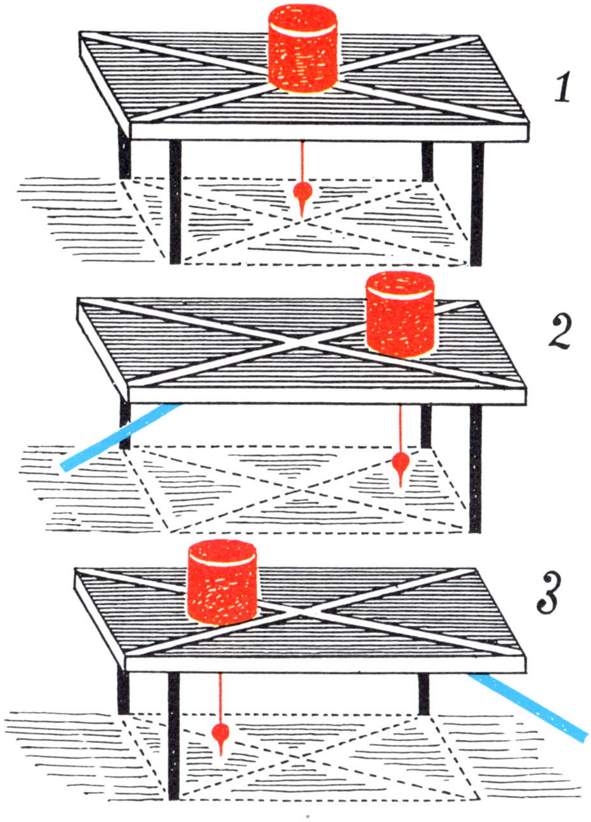

James Gray (1953) / Dokument: McNeill Alexander, Leeds (Schottland).

2

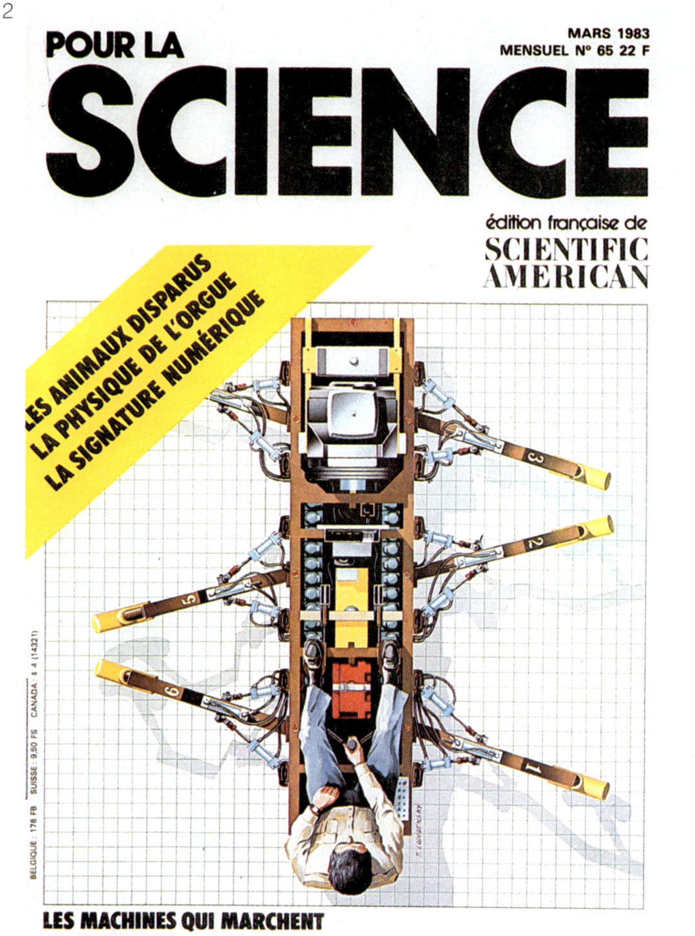

3

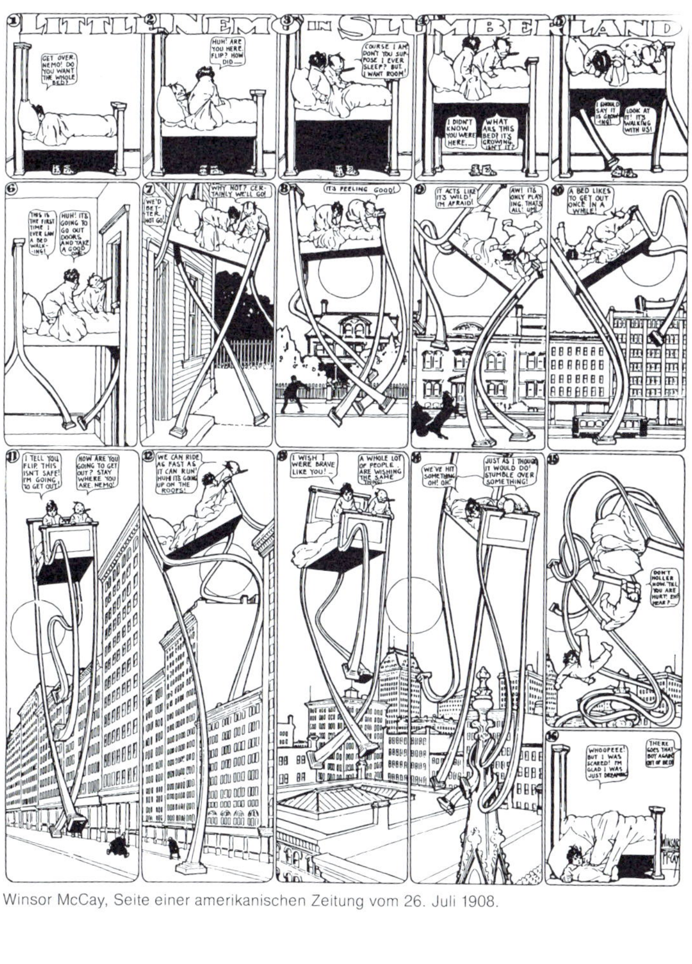

Winsor McCay, Seite einer amerikanischen Zeitung vom 26. Juli 1908.

1. Erste Etappe beim Laufen: ein Bein heben, ohne umzufallen. Der durch das dicke Gewicht (rot) bezeichnete Schwerpunkt des „Vierbeiner"-Tisches muß in jedem Fall innerhalb des Aufhängungsdreiecks zu liegen kommen, das von den drei auf dem Boden verbleibenden Beinen gebildet wird. 2. Das auf sechs Beinen laufende Fahrzeug (ohne aktive Gleichgewichtssteuerung) von I. Sutherland soll den Fortbewegungstypus „abwechselnder Dreibeiner", wie ihn Insekten praktizieren, besser verstehen helfen. 3. und 4. Das Comic von Winsor McCay und die Serienphotos von Edward Muybridge verdeutlichen, daß das Laufen eine Folge von dynamischen Gleichgewichtszuständen ist, die eine Koordinierung durch ein Gehirn erforderlich macht.

4

E. Muybridge (1879).

Labor für Roboterforschung und künstliche Intelligenz, Universität IV, Paris / ANVAR, R. Landin, Ausstellung MNHN.

(*Oben*) Der sechsbeinige Roboter vom „kriechenden" Typus, der von J.-J. Kessis und J.-P. Rambaut entwickelt wurde, kann sich in mehreren verschiedenen Gangarten fortbewegen. (*Rechts*) Die einbeinige, hüpfende Maschine, die hier über ein Hindernis von 15 cm Höhe springt, wurde dem Känguruh nachgebaut. M. Raibert untersucht mit ihr die Probleme der Steuerung von Fahrzeugen, die ihren Gleichgewichtszustand während der Bewegung erhalten müssen (Aufnahme mit Mehrfachbelichtung).

- Solche, die in gewisser Weise den Schwung ausnützen und sich in einem dynamischen Gleichgewicht befinden: *hüpfende Maschinen.*

Die kriechenden Laufmaschinen mit vier Beinen müssen ihren Masseschwerpunkt verschieben, um ein Bein zu entlasten, ohne aus dem Gleichgewicht zu geraten. Die Skizze von Sir James Gray* zeigt dies auf sehr anschauliche Weise. Diese technisch aufwendige, komplizierte Verlagerung der Masse wird unnötig, sobald die Maschine mit drei Beinpaaren ausgestattet ist, mit denen sie nach Art der Insekten abwechselnd drei Beine — eines der einen und zwei der anderen Seite — auf den Boden aufsetzen kann. Mehrere Forscher haben dieselbe Lösung wie die von Insekten gefunden oder von ihnen übernommen. I. Sutherland bezieht sich auf das Tiermodell, J.-J. Kessis ist zu dieser Wahl durch reine

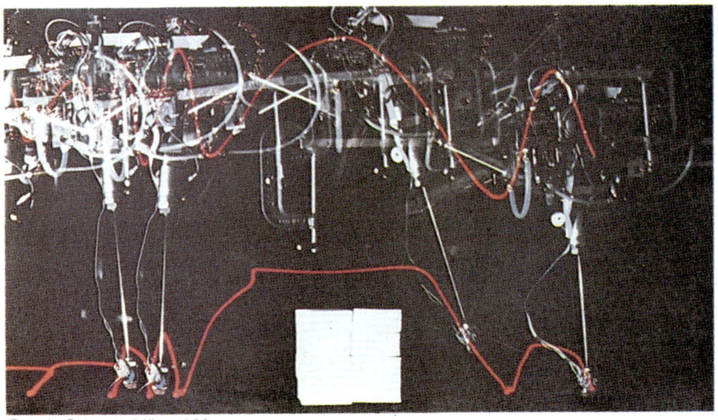

Pour la Science, März 1983.

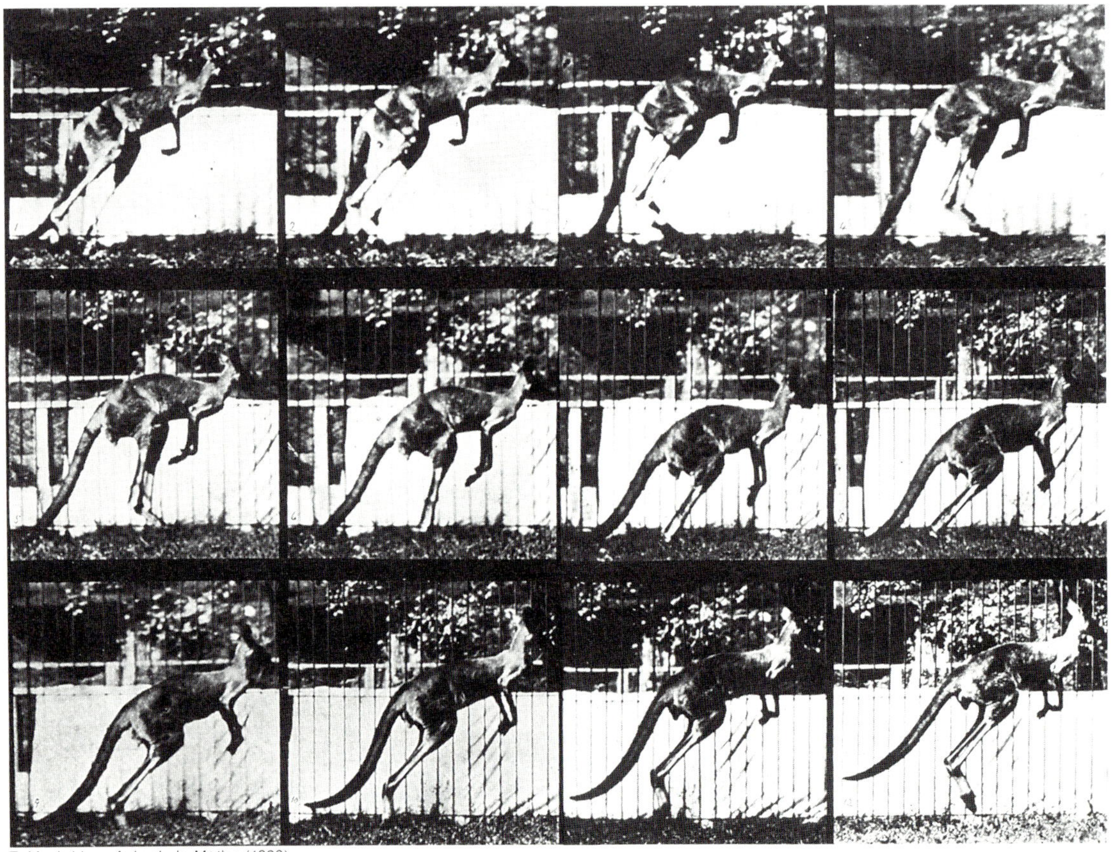

E. Muybridge, *Animals in Motion* (1890).

Konvergenz gekommen. Sein Modell eines Beins in Form eines Parallelogramms hat in der Tat nichts mit dem Bein eines Gliederfüßers zu tun.
Professor J.-J. Kessis, dessen Forschungslabor sich der Entwicklung von mobilen Robotern widmet, ordnet seine Tätigkeit dem Bereich zwischen „Robotik" und künstlicher Intelligenz zu. Die Unterstützung durch den Computer ist dabei in der Tat entscheidend. Zum ersten, um die Bewegungen der Beine zu lenken, das heißt, zu entscheiden: wie sie aufeinander zu folgen haben (die *Gangart*), wie groß die Schrittlänge und wie die Lage des Schwerpunktes relativ zum Aufhängungsvieleck sein sollen, wie die seitliche Lastverteilung auf die Beine erfolgen soll. Und weil diese Roboter sich in einer unbekannten und wechselnden Umwelt zu bewegen haben, brauchen sie ein System der Wahrnehmung und der Entscheidung, um ihre Umgebung zu erkennen und diejenige Marschroute festzulegen, die ihrer Aufgabe am besten entspricht.
Die hüpfenden Maschinen arbeiten in einem Fließgleichgewicht wie ein laufender oder rennender Mensch, dessen Beine den kurzzeitig nach vorne kippenden Körper nur vorübergehend abstützen und die ihn dadurch im Mittel stabil halten. Sie müssen ebenfalls die Geschwindigkeit und die Bewegungsgröße miteinbeziehen. M. Raibert* (Universität Carnegie-Mellon, USA) experimentiert mit einer Maschine, die auf einem Bein hüpft und sich wie ein Känguruh vorwärts bewegt.

ROBOTERARME MIT MUSKELN

Die Firma Exameca Monédi (Pau, Frankreich) hat 1983 einen neuartigen Roboterarm entwickelt, der durch ein System von künstlichen Muskeln bewegt wird.
Diese zusammenziehbaren Elemente wirken wie „hohle" Muskeln. Sie werden *Myonen* genannt und bestehen aus halbelastischen Elastomersträngen, die über ein schräggewebtes Rilsannetz aus rautenförmigen Maschen gespannt werden. Das Ganze wird in ein Gestell aus einer Aluminiumlegierung eingebaut. Das Myon zieht sich durch Einspritzen einer Flüssigkeit, deren Druck man verändern kann, zusammen. Dadurch schwillt der künstliche Muskel an und verkürzt sich, genauso wie es auch beim natürlichen Muskel geschieht. Wie in unserem Arm, in dem Bizeps und Trizeps als Muskelpaar immer gegeneinander arbeiten, so ergibt sich die Bewegung aus dem Zusammenspiel von mindestens zwei künstlichen Muskeln, die gegenläufig funktionieren. Das Anschwellen des sich verkürzenden Beugemuskels unterliegt dem kontrollierten Widerstand des antagonistischen Streckmuskels, der sich beim Abschwellen verlängert. Dieses Prinzip gewährleistet dem System eine sehr flexible Wirkungsweise, eine Harmonie der Bewegungen ebenso wie empfindliche Tast- und Greifbewegungen.
Ein Roboterglied mit künstlichen Muskeln kann mit den klassischen Steuer- und Regelmechanismen ausgestattet werden. Es kann von Mikroprozessoren, vorprogrammierten Reglern, Computern usw. gelenkt werden.
Da es sich an verschiedene Programme und Ausführungsweisen von Bewegungen anpassen läßt, verlangt das Roboterglied keine präzise und damit kostspielige Fertigungsweise, wie seine mechanischen Konkurrenten, die sich ruckweise bewegen. Der Flüssigkeitsantrieb des Roboters mit künstlichen Muskeln erlaubt es, ihn unter feindlichen Umweltbedingungen einzusetzen, dort wo ein einziger kleiner Funke alles in die Luft fliegen ließe (Pulverlager, gasführende Schicht usw.). Im übrigen läßt er sich, da er keine Wärme entwickelt, schwerer durch Wärmedetektoren aufspüren, eine vom Militär sehr geschätzte Eigenschaft.
Seine Analogie mit dem anatomischen System des Menschen eröffnet ihm interessante Anwendungsmöglichkeiten bei der Unterstützung und bei der funktionellen Rehabilitierung von Bewegungsbehinderten.

1
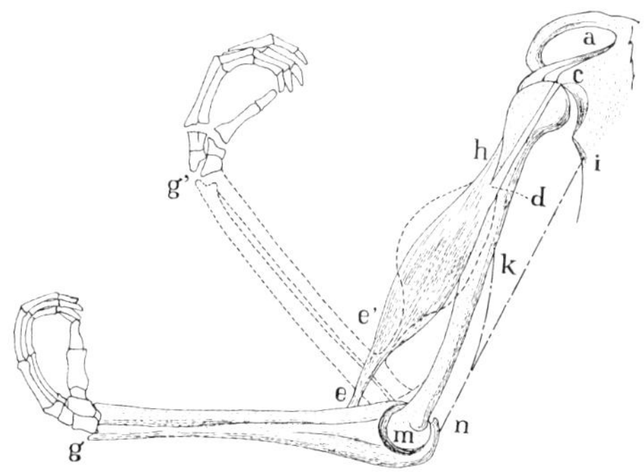

2
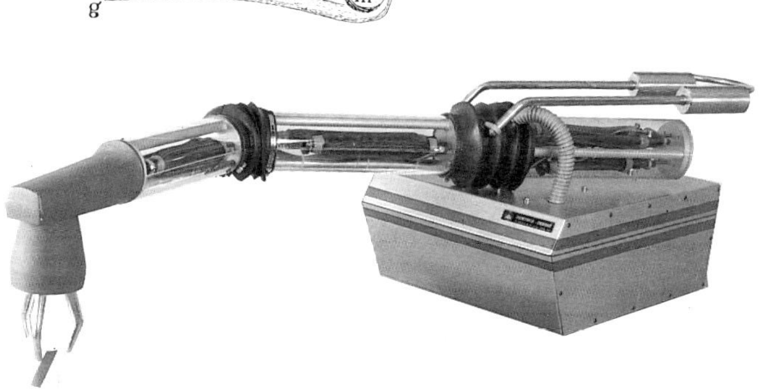

3
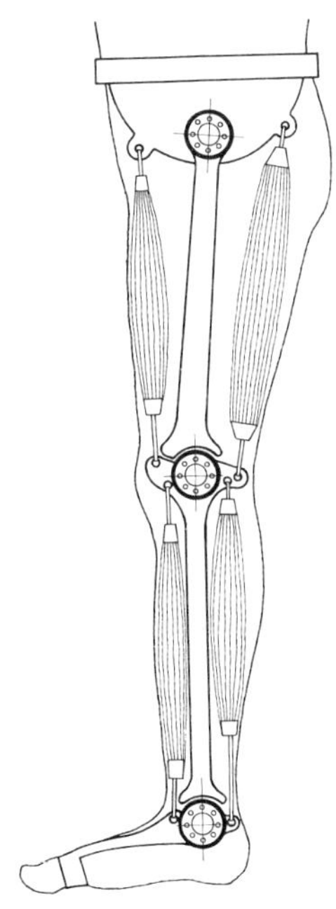

1. Mechanismus der Armbewegung: das gekoppelte Muskelpaar von Bizeps und Trizeps, die gegeneinander arbeiten. Die Abbildung stammt aus einem Buch über Kinematik, das Franz von Reuleaux* 1871—1875 publizierte. 2. und 3. Dieses Prinzip des funktionellen Antagonismus findet man bei den Robotergliedern, die die Firma Exameca Monédi mit künstlichen Muskeln ausstattet, die sie *Myonen* nennt.

Nach F. von Reuleaux.
Exameca Monédi, Pau / ANVAR.

Der Technik vorgemacht: die Eroberung der Luft

IM GLEITFLUG

■ Die Gleitflieger unter den Wirbeltieren

Die Eroberung des Luftraums durch Tiere und den Menschen hat sich mit der Erfindung einer Tragfläche vollzogen. Das klassische Beispiel einer Tragfläche ist der Flügel.
Bevor wir betrachten, welchen Beitrag die natürlichen Vorbilder für den technischen Flug lieferten, ist es unbedingt notwendig zu verstehen, wie ein Flügel funktioniert.
Ist man nicht in die Geheimnisse der Aerodynamik eingeweiht, so denkt man im allgemeinen, daß ein Flügel, der sich mit leicht angehobener Vorderkante (*Leitkante*) schnell durch die Luft bewegt, sich auf ihr abdrückt und so „getragen" wird, und daß dies den Flug erkläre.

Pustet man zwischen zwei Papierblättern hindurch, wird der Luftstrom sie nicht auseinanderdrücken, sondern sie einander näher bringen.

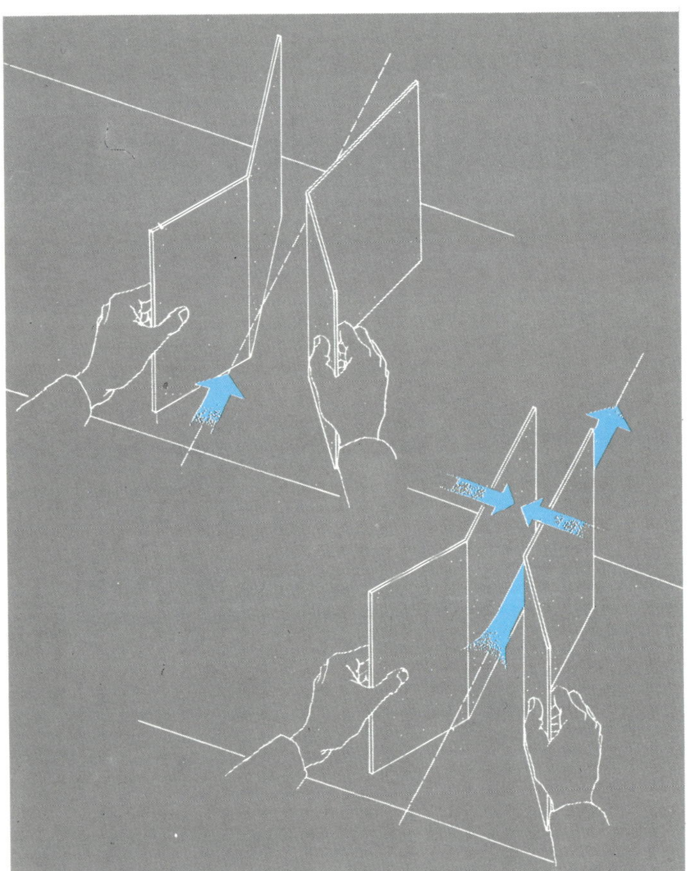

B. Kresling.

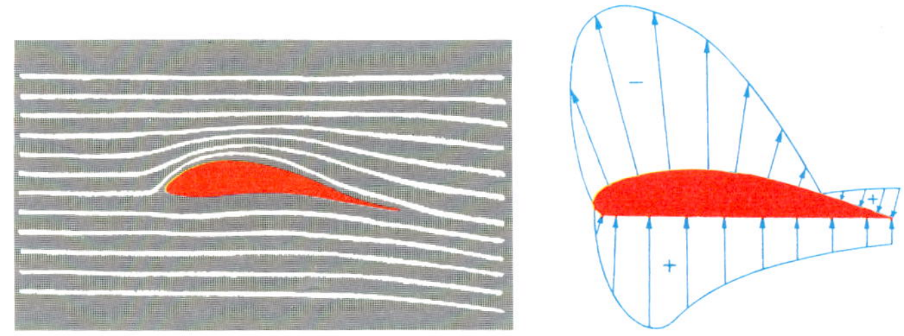

Die Auftriebskraft entsteht hauptsächlich durch den Unterdruck auf der Flügeloberseite.

Wir haben alle schon einmal die Hand aus dem Fenster eines fahrenden Autos gehalten, und dieses Experiment hat unsere Vorstellung darüber bekräftigt. Und wirklich hat man den Eindruck, daß man sich auf ein Fluidum aufstützt, das endlich dank der hohen Geschwindigkeit fühlbar wird. Diese Interpretation ist nicht völlig falsch. Es stimmt, daß die Flügelunterseite ihrer leichten Schrägstellung wegen von der Luft, die unter ihr vorbeistreicht, nach oben gedrückt wird. Diese Kraft ist jedoch gegenüber den gesamten aerodynamischen, zum Flug benötigten Kräften nur von untergeordneter Bedeutung. Ihr Beitrag macht in Wirklichkeit nur ungefähr ein Drittel aus, wobei dieser Wert selbstverständlich noch variiert. Die beiden anderen Drittel verdankt der Flügel einer Kraft, die ihn an seiner Oberseite buchstäblich nach oben saugt.
Um den Mechanismus dieser eigentlich unerwarteten Erscheinung zu verstehen, muß man die Strömung um einen Flügel betrachten. Solcherart Untersuchungen werden in Windkanälen gemacht oder dadurch, daß man die Luftschichten, die ein Modell umströmen, sichtbar macht. Man kann dazu einen schmalen, senkrecht zur Vorderkante geschnittenen Teil des Flügels nehmen, das sogenannte *Profil.* Untersuchungen über Flügelprofile von bestimmten Vögeln, wie die von Tauben, haben gezeigt, daß sie wie Profile eines modernen Flugzeugs gestaltet sind. Strömen die Luftschichten über ein solches unsymmetrisches, konkav-konvexes Profil, haben sie auf der Oberseite einen längeren Weg als auf der Unterseite, wodurch sie oben schneller zu fließen gezwungen sind. Nach dem Gesetz von Bernoulli nimmt der Druck eines Gases mit zunehmender Strömungsgeschwindigkeit ab. Und dies ist der Grund dafür, daß hauptsächlich die auf der Flügeloberseite wirkende Saugkraft den zum Flug nötigen *Auftrieb* liefert. Dieses physikalische Gesetz läßt sich leicht anhand eines Experimentes überprüfen, und es ist wirklich ratsam, es einmal auszuprobieren, denn es widerspricht vorgefaßten Meinungen und zeigt eines der

Gandolfi / Jacana.

(*Oben*) Ein Mäusebussard, *Buteo buteo*, im Aufwind warmer Luft an einem Felsabhang kreisend. (*Unten*) Dieser Vorfahre unserer Hanggleiter stammt von Biot (Massia-Biot, 1879). Seine Spannweite ist 7,50 Meter, und er ahmt intuitiv den Gleitflug großer Vögel nach.

Museum für Luft- und Raumfahrt, Le Bourget / R. Landin, Ausstellung MNHN, Paris (1985—1986).

Der Gleitflug bei Wirbeltieren

Die Tafel zeigt schematisch die verschiedenen Linien, in denen sich der Gleitflug ausgebildet hat. Man kann sehen, daß die Tragflächen ganz verschiedenen Ursprungs sein können:
Vergrößerung der Brustflossen (fliegende Fische);
Überentwicklung der Schwimmhäute (Flugfrosch);
Beträchtliche Verlängerung eines Fingerknochens, der eine Flughaut, das *Patagium,* spannt (Kriechtiere, Flugsaurier);
Seitliches Abspreizen der Rippen (Kriechtiere, Schuppenechsen);
Ausbildung einer seitlichen Hautfalte als Flughaut (Säugetiere, Beuteltiere);
Seitliche Flughaut, die durch ein zusätzliches Skelettelement gespannt und durch einzelne Hautfalten an anderen Stellen ergänzt wird (Säugetiere, Nagetiere);
Der *Cynocephalus* (Hautflügler) zeigt eine sehr große Ausdehnung der die Finger und Zehen verbindenden Flughäute;
Die Ausdehnung von Flughäuten tritt bei den Fledermäusen und Flughunden (Chiropteren) am stärksten in Erscheinung.
Bei den Vögeln bilden die Federn einen beträchtlichen Teil der tragenden Fläche.

Dokument: S. Renous, Vergleichende Anatomie, MNHN, Paris/B. Kresling.

Grundprinzipien, die uns das Wunder des Fluges und seine Schwierigkeiten verstehen helfen.
Man braucht dafür einfach nur zwei Blätter Papier, die man krümmt oder leicht faltet, damit sie eine gebogene Form behalten. Man hält sie mit Daumen und Zeigefinger so, daß sich die konvex gewölbten Formen mit ein paar Zentimetern Abstand gegenüberstehen. Würde man jetzt fragen, was passiert, wenn man in den Zwischenraum zwischen den Blättern pustet, wird die Antwort möglicherweise lauten, daß die Luft, die sich ja durch den schmalen Gang zwängen muß, die beiden Papierwände auseinanderdrücken wird. Und genau das passiert eben nicht! Die zwischen den beiden Blättern durchströmende Luft strömt schneller als die von außen gegen die Flächen drückende Luft. Der relative Unterdruck, der sich daraus ergibt, saugt die beiden Blätter näher aneinander.
Der Sog auf der Oberseite des Flügels und der Überdruck

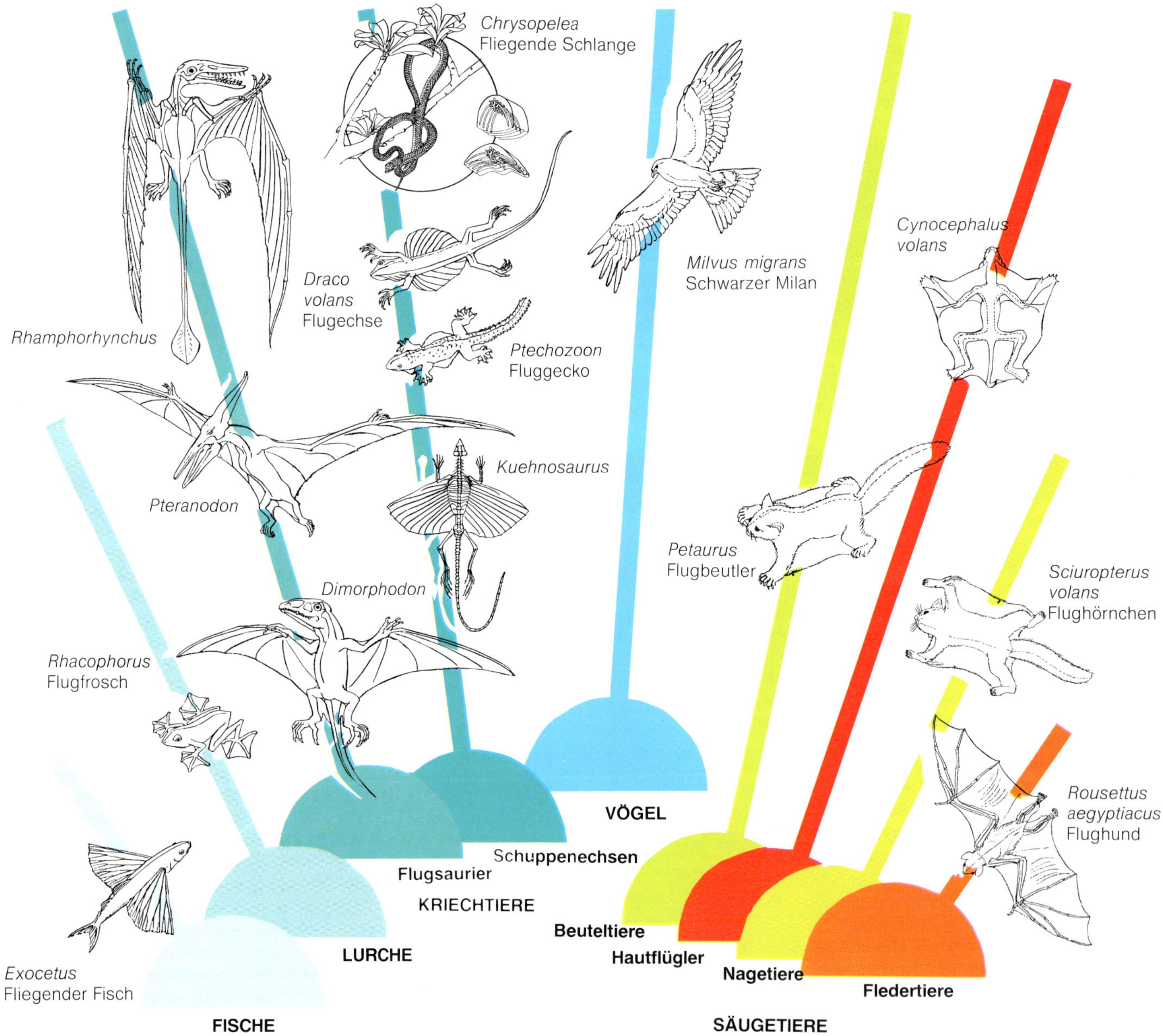

Fliegender Fisch, *Trigla volitans, in* Bloch, 1797. Der Fisch schießt mit großer Geschwindigkeit aus dem Wasser und breitet dann zum Flug seine beiden Seitenflossen aus Tragflächen aus.

(*Unten*) Das Flughörnchen lebt in den Wäldern der Nordhalbkugel. Velin von Nicolas Huet, genannt Huet le Fils (1770—1830). Das Flughörnchen läßt sich von der Höhe eines Baumes fallen, sein Sprung verwandelt sich dank seiner zwischen den Pfoten ausgespannten seitlichen Hautfalten in einen Gleitflug. Neuere Forschungen haben ergeben, daß die Behaarung des Fells die Luftströmung begünstigen (W. Nachtigall, 1986*).

Dokumente: Zentralbibliothek MNHN, Paris.

auf seiner Unterseite ergeben zusammen den *Auftrieb*. Aus verschiedenen Gründen hat aber zugleich die Luft die Tendenz, den Flügel nach hinten zu ziehen, sie übt eine Kraft aus, die man *Widerstand* nennt. Der Gleitflug ist daher erst dann möglich, wenn diese beiden Kräfte das Gewicht des Flugzeugs oder des Vogels kompensieren.

Es gibt nun verschiedene Betrachtungsweisen: die Luft bewegt sich gegenüber dem Flügel, oder der Flügel bewegt sich durch die Luft, oder aber die Luft strömt um den Flügel. Man spricht daher vom *relativen Wind*. Dieser relative Wind kann durch eine Bewegung von Luftmassen entstehen:

- durch Aufwinde von warmer Luft, die Segelflugpiloten und große Raubvögel auszunutzen suchen;
- durch einen von einem Felsabhang nach oben geleiteten Wind, der den Möwen den Gleitflug auf der Stelle ermöglicht.

Der relative Wind kann im Gegensatz dazu aber auch durch die Bewegung des mit Flügeln ausgestatteten Objekts entstehen. Dieses kann bereits eine Eigengeschwindigkeit haben (fliegender Fisch, der aus dem Wasser schießt; mit Schleppseil gezogenes Segelflugzeug) oder seinen eigenen Fall ausnutzen, um eine gewisse Anfangsgeschwindigkeit zu bekommen oder aber mit einem Antriebssystem ausgestattet sein, wie beispielsweise Flugzeuge.

Das Gleitfliegen erschien vor dem Schlagflug und war in Natur und Technik die erste Etappe in der erfolgreichen Eroberung des Luftraums.

Ohne nun auf Einzelheiten der Anpassung der Wirbeltiere an den Gleitflug eingehen zu wollen, werfen wir einen Blick auf die Tafel „Der Gleitflug bei Wirbeltieren", die zeigt, wo Tragflächen bei den verschiedenen Klassen der Wirbeltiere anatomisch entstanden sind. Man wird feststellen können, daß die Natur mit dem „bastelt", was ihr gerade zur Verfügung steht: Schwimmhäute, Flossen, Hautfalten, Rippen, Schuppen. Pterosaurier, Fledermäuse und Vögel sind nur bei Gelegenheit Gleitflieger, denn sie lernten, sich ebenso gut mit aktivem *Schlagflug* fortzubewegen. Diesen behandeln wir später.

(*Unten*) Flugsamen der Großen Zanonia (*Alsomitra macrocarpa*), einer Liane der Inseln des Pazifischen Ozeans. Er hat außerordentlich gute Flugeigenschaften: mit leichtem Wind über dem Meer kann er bis zu hundert Kilometer entfernte Inseln im Gleitflug erreichen. Die Spannweite des abgebildeten Samens beträgt 15,6 Zentimeter. Der Zanoniasamen gab 1904 den Österreichern Ignaz und Igo Etrich die Anregung für eine Tragfläche: die doppelten Krümmungen der Tragfläche, der vorne liegende Schwerpunkt (nach hinten gepfeilte Flügel) und die Position der Nutzlast (die der Lage des Nüßchens beim Samen entsprach) gewährleisteten die Stabilität des Flugapparates.

(*Rechts*) Durch Einbau eines Motors wird eine Schwanzfläche zur Längsstabilisierung notwendig. Das Modell *Samen* wurde durch das Modell *Taube* abgelöst. Seit dem Jahre 1910 wurden viele Apparate dieses Typus gebaut — die *Taube* war für ihren stabilen, sicheren Flug berühmt. *Obere Zeichnung:* Haustaube, *Columba livia,* in Gleitflugstellung. *Zeichnung unten:* Technischer Aufriß des Flugzeugs *Taube* von Ignaz und Igo Etrich, 1910, Spannweite 14 Meter.

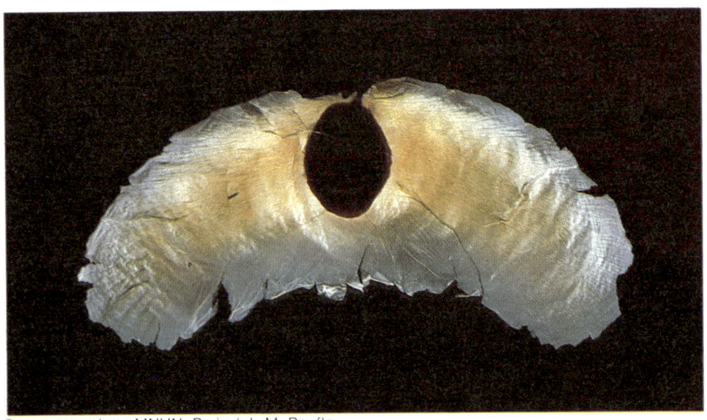

Samensammlung MNHN, Paris / J.-M. Baufle.

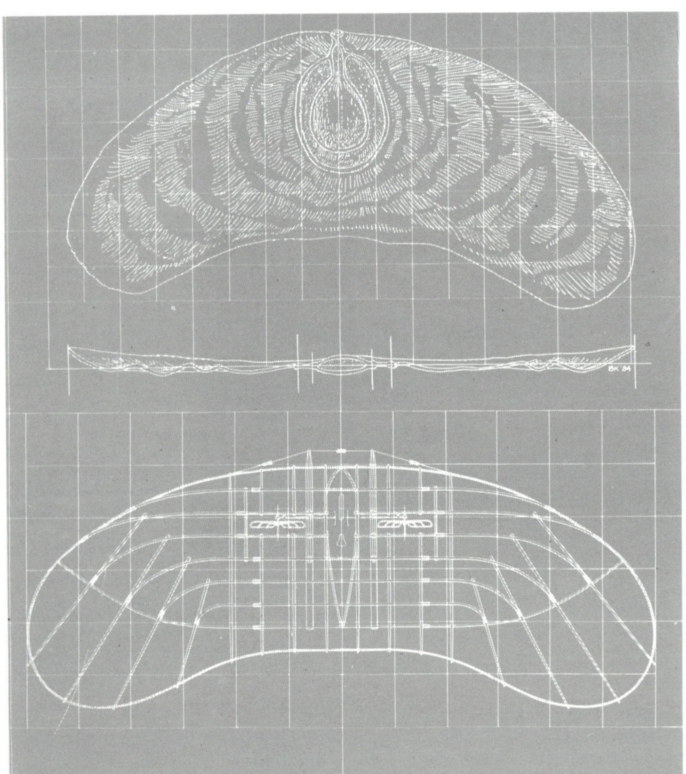

B. Kresling.

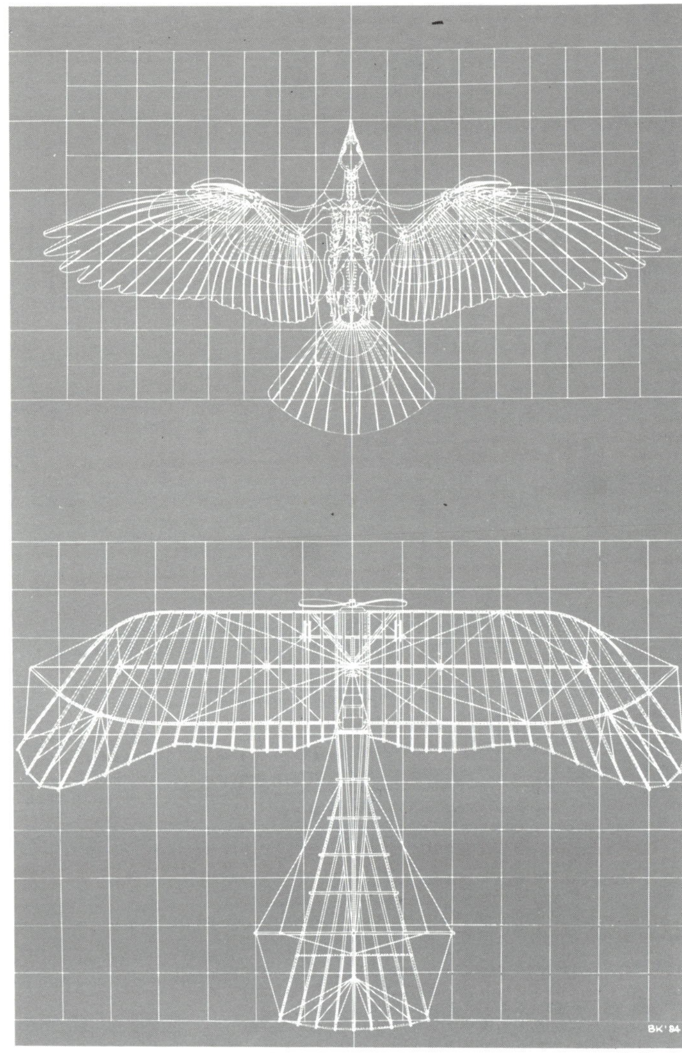

B. Kresling.

■ Flugsamen

Otto Lilienthal war es im Jahre 1891 als erstem gelungen, Gleitflüge von mehreren hundert Metern auszuführen. Mit nur achtundvierzig Jahren, 1896, verunglückte er tödlich infolge eines Absturzes bei einem Flugversuch.

Zwei Jahre darauf entschlossen sich Ignaz Etrich und sein Sohn Igo, das Werk Lilienthals fortzusetzen, aber ihr erster Gleitflieger ging gleich beim ersten Flug zu Bruch. Die Erinnerung an Lilienthals Unfall war noch ganz gegenwärtig und sie begriffen, daß sie unbedingt flugstabilere Modelle finden mußten. Sie studierten lange, wie Tiere fliegen, insbesondere Fledermäuse, suchten dann aber nach einem natürlichen Modell mit unbeweglichen und starren Tragflächen. Durch Zufall geriet ihnen ein Artikel eines Hamburger Gymnasiallehrers, Friedrich Ahlborn, in die Hände, der von der „Stabilität der Flugapparate" handelte. In dieser Veröffentlichung rühmte der Verfasser die außerordentlichen Flugeigenschaften des geflügelten Samens der Großen Zanonia, *Alsomitra macrocarpa* (Cucurbitaceen). Diese Liane wächst auf den Inseln des Pazifiks und hat Früchte von der Form eines länglichen Kürbis, in deren Inneren sich die geflügelten Samen übereinanderstapeln. Der Samen selbst ist mit breiten abgerundeten Flügeln, zarten, seidig glänzenden Membranen, ausgestattet und hat eine Spannweite von 14 bis 16 Zentimetern. Wir konnten der Versuchung nicht widerstehen, die uns von der Samensammlung des Pariser Naturhistorischen Museums geliehenen Samen auch fliegen zu lassen. Man verliert alle Lust, je wieder ein Papierflugzeug zu basteln! Der Samen gleitet lange, ohne zu kippen und ohne viel Höhe zu verlieren. Die Spezialisten des Segelflugs würden von einer stabilen Fluglage und einer hohen Gleitzahl sprechen. Man ist danach wirklich nicht erstaunt zu lesen, daß diese Samen bei günstigem Wind von einer Insel zur anderen fliegen können und dabei mehrere, ja sogar Hunderte von Kilometern zurücklegen. Der Experte in Aerodynamik Lucien Romani hat uns seine Geheimnisse enthüllt.

Der Zanoniasamen besitzt den Technikern gut bekannte Flugeigenschaften:

- Nach vorne verlegter Schwerpunkt (Zentrierung) durch leichte Pfeilung der Tragflächen;
- Außen wie ein „Pagodendach" leicht angehobene Flügelenden gewährleisten die Querstabilität;
- Das doppelt gekrümmte, eigenstabile Profil bewirkt die Längsstabilität.

Vater und Sohn Etrich besaßen damit also ein ausgezeichnetes Vorbild für ein Nurflügelflugzeug.

Im Jahre 1904 bauten sie einen ersten Gleitflugapparat ohne Schwanz, mit 6 Metern Spannweite, der eine Last von 25 Kilogramm transportieren konnte. Der zweite Apparat, mit 10 Metern Spannweite, trug 70 Kilogramm und war fähig, eine Strecke von 300 Metern im Gleitflug zurückzulegen. Als Igo Etrich 1909 dieses Nurflügelflugzeug mit einem 40 PS-Motor ausstatten wollte, hatte er Schwierigkeiten, die richtige Lage des Schwerpunkts zu bestimmen, von der die Stabilität abhing. Die Notwendigkeit einer weiteren Tragfläche, eines Schwanzes, veranlaßte ihn, sich die Taube zum Vorbild zu nehmen. So entstand 1910 das Flugzeug *Taube*, das dann später im Ersten Weltkrieg als Aufklärer eingesetzt wurde.

Wie ein Vogel fliegen! Oder wie eine Fledermaus!

Es war ganz natürlich, daß der Mensch zum Fliegen die Vögel nachahmte. Der Franzose Félix du Temple hatte bemerkt, daß bestimmte Vögel mit großer Flügelspannweite im Gleitflug ohne Flügelschlag segelten und daß der vordere Flügelrand leicht zur Horizontalen angehoben war. Er zog daraus den Schluß, daß es genügte, einen Segelflugapparat mit einem Antriebssystem auszustatten, wie etwa mit einem motorgetriebenen Propeller, um, ohne mit den Flügeln zu schlagen, vorwärts zu gleiten. Er baute ein Modell mit Motor und Propeller, das 700 Gramm wog. Dies war das erste motorisierte Flugzeugmodell der Welt, das mit Erfolg startete, flog und landete. Ganz stolz meldete du Temple daraufhin 1857 ein Patent eines „Apparates für die Fortbewegung in der Luft durch Nachahmung des Vogelflugs" an.

Zusammen mit seinem Bruder Louis bemühte er sich zwanzig Jahre lang vergeblich, einen Flugapparat mit 17 Metern Spannweite zu bauen.

Jean-Marie Le Bris, ein 1817 in der Betragne geborener Seemann, hatte die Gelegenheit, Albatrosse fliegen zu sehen, als er an Bord der in den südlichen Meeren kreuzenden *Héroïne* Kriegsdienst leistete. Dieser Seevogel beherrscht meisterlich die Technik des Segelfluges. Stunden um Stunden kann er in geringer Höhe über dem Meer segeln, ohne auch nur andeutungsweise mit den Flügeln zu schlagen. Le Bris ließ sich von der Gestalt des Albatros für den Bau eines leichten Luftschiffes inspirieren, das ganz offensichtlich das Werk eines Seemanns war: eine Art Bootskörper, versehen mit zwei langgestreckten segelartigen Flügeln und einem Schwanz. Ein waagrechter Mast vorne am Bug, ein Bugspriet, trug die Wanten oder Verspannungskabel, der Pilot stand selbstverständlich aufrecht an einer Stelle, von der aus er die Geometrie der Flügel mit Hilfe von Hebeln und Tauen verändern konnte.

Der erste Flug von Le Bris fand an einem Dezembermorgen 1856 am Strand von Trefuntec statt, wo eine ständige Brise weht. Zum Start hatte Le Bris den Segelflugapparat auf

Modell der *Taube* von Ignaz und Igo Etrich. Nach oben gekrümmte Flügelspitzen gewährleisten eine gute Querstabilität.

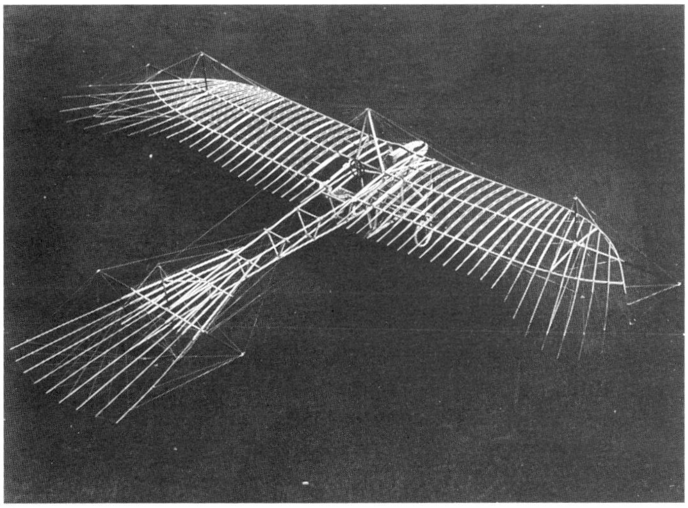

Deutsches Museum, München.

Modell eines vogelähnlichen Flugzeugs, das Félix du Temple um 1857 fliegen ließ. Das Fahrgestell konnte (wie Vogelfüße!) eingezogen werden.

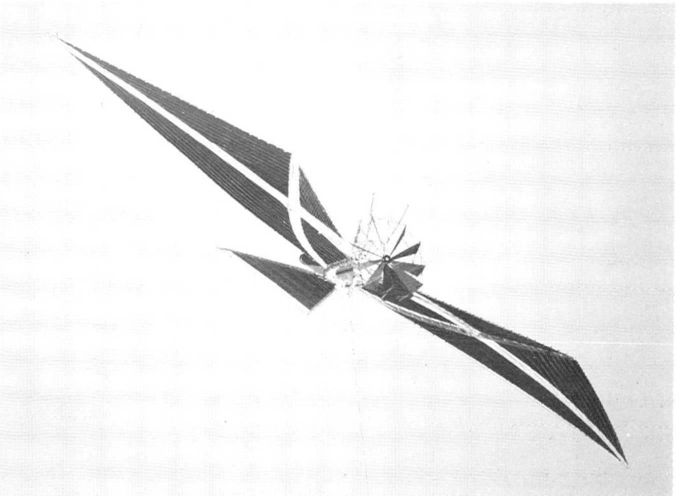

Rekonstruktionsmodell des Museums für Luft- und Raumfahrt, Le Bourget.

Stützwangen gesetzt, die ihrerseits auf einem Pferdewagen montiert waren. Das Pferd galoppierte gegen den Wind und gab dem Apparat eine gute Stargeschwindigkeit. Le Bris brauchte nur noch die Flügel so einzustellen, daß er mit einem Satz abheben konnte. Nach Berichten von Augenzeugen stieg das Segelflugzeug bis auf etwa 100 Meter Höhe. Bei der Landung manövrierte Le Bris geschickt und setzte sanft auf dem Sand auf.
Jean-Marie Le Bris war es als erstem auf der Welt gelungen, mit einem Flugapparat, der „schwerer als Luft" war, eine Höhe zu erreichen, die über der seines Startpunktes lag, und hatte hier den ersten Schleppstart ausgeführt.
Leider erlitt Le Bris in der darauffolgenden Zeit Mißerfolge, trotz der Hilfe von Napoleon III. und von anderen Institutionen. Man hatte unterschätzt, wie wichtig die Rolle des Piloten selbst war und aus übertriebener Vorsicht Le Bris während der Testflüge nicht an Bord genommen. Sein letzter Segelflugapparat wurde noch bis vor kurzem aufbewahrt und dann leider versehentlich zerstört.
Im französischen Luft- und Raumfahrtmuseum in Le Bourget bei Paris kann man jedoch den ältesten Gleitflieger im Original bewundern. Es handelt sich um den Apparat von Biot (1879)*, der ganz offensichtlich einen Vogel zum Vorbild genommen hatte. Mit diesem Apparat führte er in den Kiesgruben von Clamart, südlich von Paris, ohne Unfall Gleitflüge durch.
Mouillard hatte weniger Glück als Biot und gab nach einem leichten Unfall schnell seine Flugversuche auf. Als leidenschaftlicher Beobachter des Vogelflugs, in dessen Geheimnisse er eindringen wollte, publizierte er 1881 das Werk *L'Empire de l'Air* (Das Reich der Lüfte), das von den Flugpionieren viel gelesen wurde und in der Geschichte der Luftfahrt große Bedeutung gewonnen hat.
Otto Lilienthal, der als geschickter Flieger und als theoretischer Forscher einer der großen Pionierfiguren der Luftfahrt war, studierte ebenfalls den Vogelflug, wie der Titel seines 1889 herausgegebenen Hauptwerks *Der Vogelflug als Grundlage der Fliegerkunst* es bezeugt. Er führte etwa 2500 Gleitflüge mit fünfzehn verschiedenen Flugapparaten durch. Für einige nahm er die Konstruktion von Fledermausflügeln zum Vorbild. Sie ließen sich, wie beim Tier, einklappen und erleichterten so den Transport.

Deutsches Museum, München.

Musée Carnavalet, Paris.

(*Oben*) Gleitflug von Otto Lilienthal (1893) mit einem Flugapparat, dessen Flügelkonstruktion an die einer Fledermaus erinnert.

(*Links*) Le Bris, bretonischer Seemann, an Bord seines 1868 von Nadar fotografischen *Albatros*. Le Bris führte hier zwei technische Besonderheiten aus, die er seinen Beobachtungen des Flugs von Seevögeln verdankt: er gab den Flügeln eine spitz auslaufende, gestreckte Form und erfand, um plötzlichen Böen besser parieren zu können, Seilverspannungen, mit Hilfe derer er den Anstellwinkel der Flügel verändern konnte.

Leider brachte ihn eine heftige seitliche Böe bei einem Flugversuch mit einem Doppeldecker am 9. August 1896 aus dem Gleichgewicht. Otto Lilienthal stürzte tödlich ab. Dies machte seinem Programm ein jähes Ende. Er hatte, sobald er den Gleitflug genügend beherrschte, zum motorisierten Flug übergehen wollen.

Der Franzose Clément Ader (1841—1925) widmete sich vor allem dieser neuen Entwicklungsstufe. Er wählte das Modell der Fledermaus für den langsamen Flug und das des Vogels für den schnellen Flug.

Ader baute ein erstes Flugzeug nach Fledermausvorbild, die *Éole.* Beim Flugversuch am 9. Oktober 1890 hob zum ersten Mal ein bemannter motorisierter Flugapparat vom Boden ab. Es war nicht mehr als ein kurzer, vielleicht 50 Meter langer gradliniger Flug knapp über dem Boden. Wie das aus technischen Zeichnungen und dem vom Clément Ader 1890 angemeldeten Patent* hervorgeht, hielten sich die Flügel der *Éole* eng an ihr natürliches Vorbild. Mit einem Skelett und Gelenken versehen, die den Bau der Vordergliedmaße einer Fledermaus nachahmten (Arm- und Fingerknochen), konnte sich der Flügel beliebig einfalten oder ausspreizen, wobei er eine Membran aus leichtem Seidenstoff spannte. Das Flugzeug war mit einem Vierblatt-Propeller ausgestattet, der mit Dampfkraft angetrieben wurde. Ader

Velin für ein Werk von Geoffroy Saint-Hilaire, Zentralbibliothek MNHN, Paris.

Der Flughund von Edwards, *Pteropus Edwardsii,* gehört zu der Gruppe der Megachiropteren der Alten Welt (Indien, Nordafrika). Die Flügelspannweite dieser Früchte fressenden Flughunde schwankt, je nach Art, zwischen 0,50 und 1,20 Meter. Die zwischen den Arm- und Beingliedern ausgespannte Flughaut ist von Sehnen und Muskelfasern durchzogen.

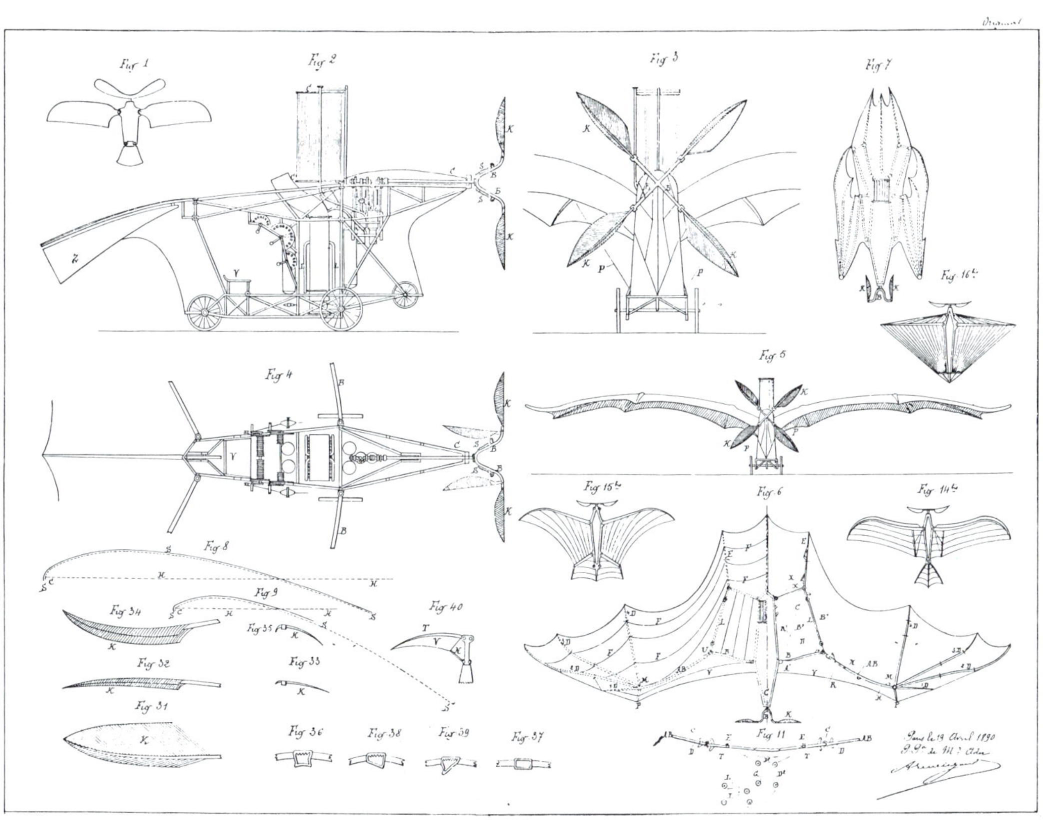

(*Rechts*) Französisches Patent für ein *Geflügeltes Luftschiff, genannt „avion“* (Das französische hier mitpatentierte Wort für „Flugzeug“ enthält das lateinische Wort „avis“, „Vogel“!), von Clément Ader 1890 angemeldet. Die Flugapparate, die er nach diesem Modell baute, stellen faszinierende Beispiele für die Übertragung der Gestalt einer Fledermaus in eine technische Konstruktion dar. Von allen Flugzeugen, die Ader baute, blieb nur sein berühmtes Flugzeug Nr. 3 (1893—1897) erhalten.

INPI (Patentamt), Paris.

J. Gould *The mammals of Australia,* 1851 / Zentralbibliothek MNHN, Paris.

Australischer Flughund, *Pteropus poliocephalus.* Wie alle Fledertiere schläft er mit eingefalteten Flügeln und dem Kopf nach unten.

Das Flugzeug Nr. 3 von Clément Ader mit eingefalteten Flügeln, in der Werkstatt von Auteuil fotografiert. Lockert man einen *Nerv* (Kabel) der *Hand,* konnten die *Finger* sich unter den *Armknochen* einfalten.

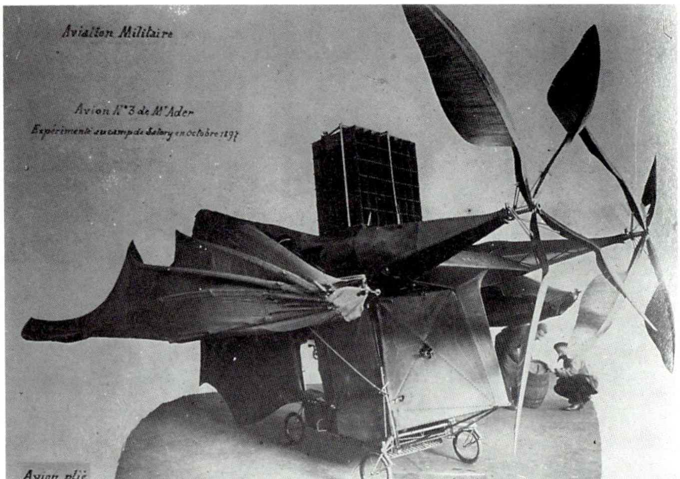

Museum für Luft- und Raumfahrt, Le Bourget.

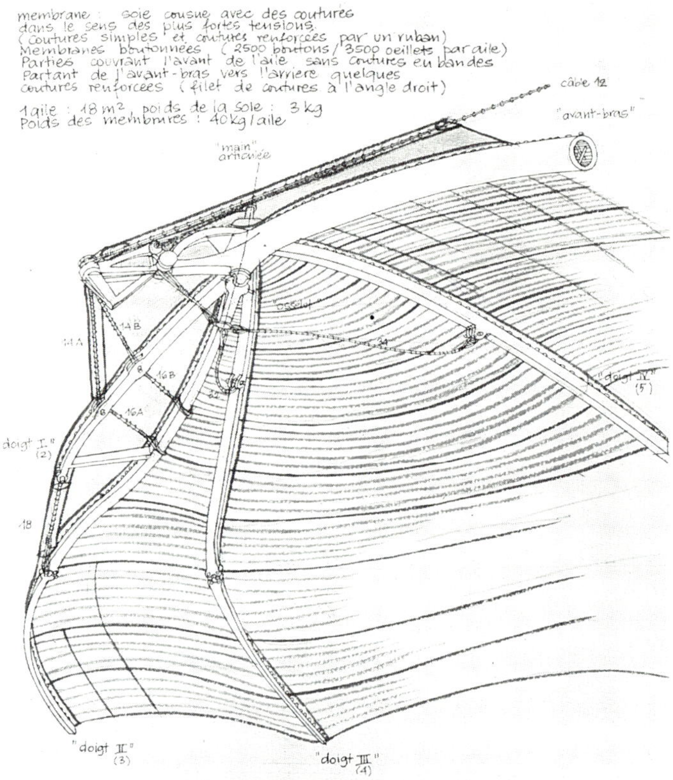

B. Kresling.

Detail des Flugzeugs Nr. 3 von Clément Ader: das Gelenk des *Vorderarms* mit den *Fingern.* Wie bei seinem natürlichen Vorbild spannt der *Daumen* eine Membran (mit der Wirkung einer Klappe der Flügelvorderkante) zwischen der *Hand* und dem Rumpf. Die unzähligen Nähte des zwischen den *Fingergliedern* gespannten Stoffs verlaufen in ähnlicher Weise wie die Sehnen und Muskelfasern in der Flughaut einer Fledermaus.
Die Wahl anatomischer Ausdrücke für das Flugzeug stammt von Ader, so wie er sie in seinem Patent und den Werkstattheften gebraucht. Für den Bau der ausschließlich von Hand gefertigten „Riesenfledermaus" wurden 420 000 Arbeitsstunden gebraucht, was den Fertigungskosten eines modernen militärischen Flugzeugprototyps entspricht.

erhielt später staatliche Hilfe und stürzte sich in den Bau des einmotorigen Flugzeugs Nr. 2, das er aber schnell wieder aufgab, um das zweimotorige Flugzeug Nr. 3 herzustellen. Und mit diesem gelang ihm ein Flug über eine Strecke von wahrscheinlich 300 Metern, der mit einer etwas unsanften Landung seitlich der Piste endete. Dieser Flug ist, wahrscheinlich zu Unrecht, umstritten, aber wie dem auch sei, ist dieses Flugzeug, das lange im Technischen Museum von Paris ausgestellt blieb, eine außerordentlich originelle Konstruktion, bis ins Detail ausgetüftelt und mit vielen genialen technischen Neuerungen.
Wir hatten die einmalige Chance, diese eigenartige Flugmaschine unter der Führung von Pierre Lissarrague zu entdekken, der damals als Direktor des französischen Luft- und Raumfahrtmuseums ihre Restaurierung leitete und gerade dabei war, sie buchstäblich bis auf die „Knochen" zu zerlegen. Er hat uns mit seiner Begeisterung angesteckt und plant ein Buch über das Flugzeug Nr. 3, das äußerst interessant zu werden verspricht. Wir gehen hier nur auf einige Punkte ein, die sich auf das lebende Vorbild beziehen.

Dagmar und Otto von Helversen, Erlangen.

Aus derselben Perspektive gesehen, gleicht das Flugzeug Nr. 3 von Clément Ader erstaunlich einer kleinen Fledermaus wie dieser *Glossophaga longirostris,* die hier im Schwirrflug über einer Blüte steht. Ader hat jedoch niemals daran gedacht, seinen Flugapparat (mit der Spannweite von 15 Metern!) mit Schlagflügeln auszustatten. Als Vorbild wählte er den Nil-Flughund, der gelegentlich auch Gleitflugphasen einlegt.

Museum für Luft- und Raumfahrt, Le Bourget und Technisches Museum, Paris.

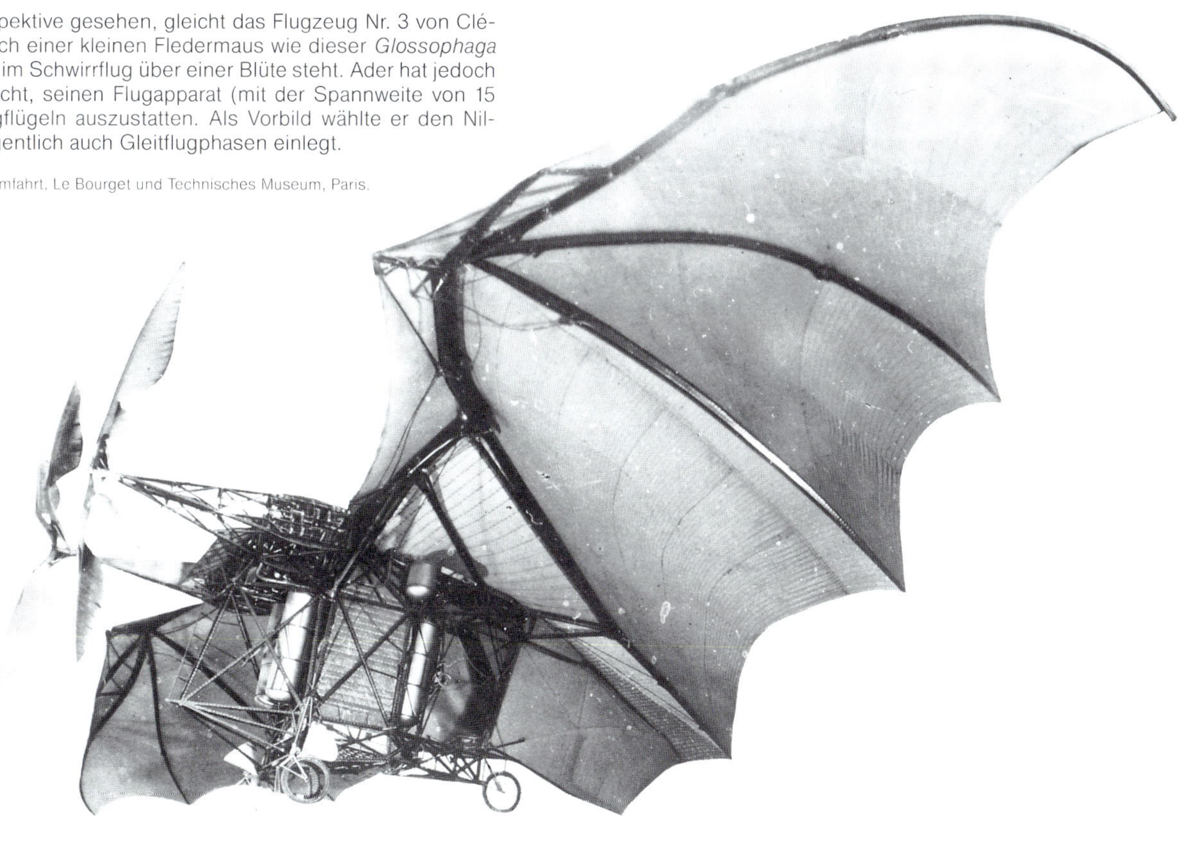

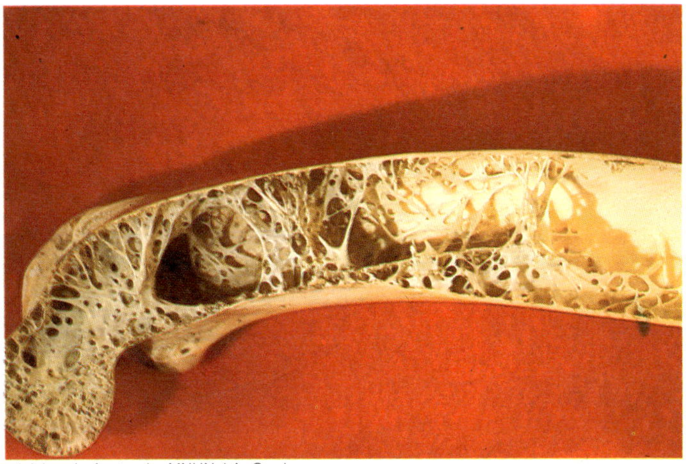

Vergleichende Anatomie, MNHN / A. Gordon.

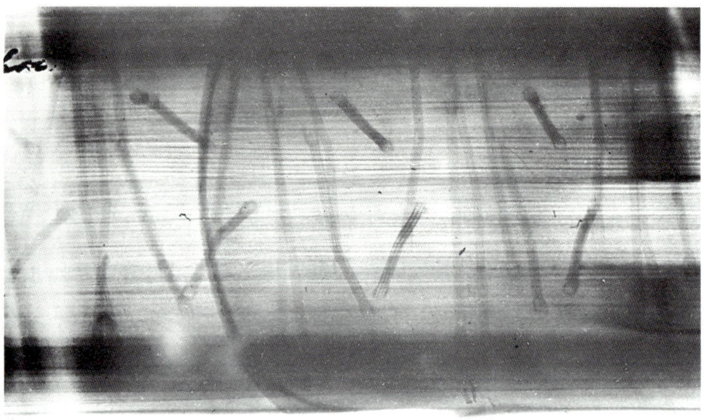

Röntgenaufnahme: Centre d'essais des propulseurs, Saclay / Dokument: P. Lissarrague.

Der stoffbespannte Flügel liegt, wie die Flughaut der Fledermaus, in einer leicht schrägen Ebene und wird vorne durch eine nach unten geneigte schmale Stoffbahn verlängert, deren Neigungswinkel man variieren kann, und die die Rolle eines Vorflügels vor der scharfen Vorderkante dünnprofilierter Flügel übernimmt. Diese Vorrichtung ermöglicht einen großen Anstellwinkel, ohne daß dabei die Strömung abreißt. Sie dient dem Hochauftrieb, würde ein Techniker sagen.

Die Bespannung aus leichtem Seidenstoff wird durch eine Vielzahl von Nähten verstärkt, die in jedem Segment dieselbe Orientierung aufweisen wie die Fasern, Sehnen und Muskeln, die man in der leicht transparenten Flughaut einer Fledermaus sehen kann.

Das Flügelskelett des Flugzeugs ist eine getreue Nachbildung der Arm-, Hand- und Fingerknochen des natürlichen Modells. Clément Ader hat jedoch einen neuen Knochen „erfinden“ müssen, der zwischen Ellbogen und Knie die Funktion eines starken Muskelstranges übernimmt. Die Knochen des Flugzeugs Nr. 3 sind nicht einfach zylinderförmig. In Nachbildung der Fledermausknochen und auch menschlicher Knochen sind sie leicht gekrümmt und zeigen verschiedene, von der Beanspruchung abhängende Wanddicken, die ein Einknicken verhindern.

Wie alle pneumatisierten Knochen von fliegenden Wirbeltieren sind auch sie innen in Längsachse hohl. Bricht man einen Flügelknochen eines Huhns, so findet man in ihm, im

(*Ganz oben*) Makroaufnahme eines Schnittes durch einen Oberarmknochen des Pelikans. Feine Knochenbälkchen im Inneren versteifen den leichten, hohlen Knochenschaft.

(*Oben*) Die Röntgenaufnahme eines *Knochens* (aus Holz) des *Vorderarms* von Flugzeug Nr. 3 zeigt die versteifenden Holzstifte im Innern.

Pressekonferenz vom 5. Dezember 1984 im National Air and Space Museum, Washington. Der Paläontologe Vann Langston von der Universität Austin, Texas, führt einen Abguß des Oberarmknochens des riesigen Pterodactylus *Quetzalcoatlus Northropi* vor. Im Jahre 1985 und 1986 gelang es dem Ingenieur Paul MacCready, ein dem Flugsaurier nachgebildetes ferngesteuertes Modell mit oszillierenden Flügeln, den *QN The Time Traveler,* fliegen zu lassen.

Rekonstruktionszeichnung des Pteranodon: P. Jusseaume / Hachette / MNHN.

AFP, Paris.

Gegensatz zu einem entsprechenden Knochen eines Hasen, kein Knochenmark. Diese Besonderheit trägt zur Leichtigkeit des Skeletts bei. Die Knochen von Flugzeug Nr. 3 sind ebenfalls hohl. Ader hat das langfaserige Kiefernholz der Geigenbauer von Mircourt in den Vogesen gewählt, um daraus mit Hilfe der Technik zur Faßherstellung aus zugeschnittenen Daubenbrettchen diese Knochen zusammenzusetzen, so ähnlich wie man Angelruten aus gespaltenem Bambus herstellt. Alle Holzteile wurden außerdem mit mehreren Lagen von Seidenstoffstreifen fest umwickelt und erhielten einen Anstrich von Klebstoff, der unseren modernen Klebemitteln in nichts nachstehen soll.

Pierre Lissarrague hat in den Werkstattheften von Clément Ader ein besonderes Detail entdeckt, das für sich alleine genommen schon eine Ahnung von seiner gut durchdachten, gewissenhaften Nachahmung des natürlichen Vorbildes gibt. Das hohle Innere der Knochen von fliegenden Wirbeltieren wird von Knochenbälkchen, den *Trabeculae*, ausgefacht, die eine erhöhte mechanische Festigkeit der Knochen bewirken. Clément Ader hat die *„Knochen“* in allen Richtungen mit Holzstiften gespickt! P. Lissarrague hat dies auf Röntgenaufnahmen bestätigt gefunden.

Vor kurzem machte ein zeitgenössisches Projekt Schlagzeilen. Es handelt sich um eine Nachbildung des größten uns bekannten Tieres, das je fliegen konnte, eines Pterosauriers, *Quetzalcoatlus northropi*, aus der jüngeren Kreide von Texas. Seine Flügelspannweite mißt bis zu 11 Metern. Der Flug dieses ferngesteuerten Modells, das mit oszillierenden Bewegungen die Flügel auf- und abbewegen kann, ist eine der möglichen Methoden, die Hypothesen zu überprüfen, die man über die Flugweise dieses fossilen Tieres aufgestellt hat. Es ist eines von zahlreichen Beispielen, wie sich Biologie und Technik gegenseitig unterstützen können.

■ Was alles am Vogelflügel dran ist

Flügel und Segel

Es gibt eine auf den ersten Blick erstaunliche Analogie, nämlich die von Flügel und Segel. Strengt man sein Vorstellungssvermögen etwas an und kippt ein Segelboot mitsamt dem Horizont um neunzig Grad in die Senkrechte, dann wird die Parallele viel offensichtlicher. Der Wind zirkuliert um ein Segel wie um einen Flügel, und wenn sich das Segel bläht, ist das dieselbe Erscheinung, die der Sog auf der Oberseite eines Flugzeugflügels oder . . . eines Stoffdaches eines Citroën 2CV hervorruft.

Das *„Bird's Sail“* („Vogelsegel“) einer französischen Firma bestätigt in gewisser Weise die Richtigkeit dieser Analogie. Die Idee für den Entwurf des *Bird's Sail* war die, ein Surfbrett für das Gleiten auf dem Wasser oder das Rollen über festen Sandstrand mit einem doppelten Segel ähnlich Vogelflügeln auszustatten. Mit erhobenen Armen über den Kopf gegen den Wind gehalten, führt das Segel einen waagrechten Flug aus, ganz wie eine Möwe über einem Felsabhang. Die Vögel können mit einer fast unmerklichen Veränderung des Anstellwinkels der Flügel entweder auf der Stelle schweben oder horizontal vorwärts gleiten. In beiden Fällen ist der Auftrieb gleich dem Gewicht des Vogels. Neigt der Surfer seinen Flügel vorschriftsmäßig, spürt er dessen Gewicht nicht, da ihn der Sog auf der Oberseite leicht macht. Der Flügel des *Bird's Sail*, der von einem bretonischen Fabrikanten entwickelt wurde, von jemandem, der die Gelegenheit hat, Seevögel zu beobachten, weist typische Kennzeichen von Vogelflügeln auf:

- Langgestreckte und spitz zulaufende Flügel: Verminderung der am Rand auftretenden Wirbel;

Dieses doppelte Segel (*„Bird's Sail“*, „Vogelsegel“) zeigt deutlich die Analogie, die zwischen einem Segel (Segelschiff, Surfbrett) und einem Vogelflügel bestehen kann.

Bird's Sail, Brest / ANVAR.

- eine abgerundete Vorderkante, eine biegsame Hinterkante: maximaler Auftrieb;
- ein Flügelprofil, das sich durch seinen Zuschnitt automatisch in eine aerodynamisch günstige Form wölbt;
- eine Verwindung des Flügels, die die Hinterkante hochwölbt, so daß ein doppelt gekrümmtes eigenstabiles Profil entsteht.

Der Flügel kann auch wie ein normales Windsegel senkrecht auf dem Surfbrett aufgesetzt werden.

Daumenfittich, Focksegel und Klappen an der Flügelvorderkante

Der Auftrieb am Flügel steigt mit der Geschwindigkeit des relativen Windes, aber auch mit dem Anstellwinkel, das heißt, mit der Neigung der Flügelfläche gegenüber der Strömungsrichtung. Je größer der Anstellwinkel des Flügels ist, desto stärker macht sich auch der Widerstand und die daraus resultierende Bremswirkung bemerkbar. Ein Flugzeug kann also mit relativ geringer Geschwindigkeit fliegen und doch Auftrieb erhalten. Wird der Anstellwinkel jedoch zu groß, das heißt, wird der Flügel „überzogen", wie der Techniker sagt, dann schlägt die laminare Strömung auf der Oberseite plötzlich in turbulente Strömung um und das System von Überdruck und von Unterdruck funktioniert nicht mehr, die Sogwirkung geht verloren. Sobald die Strömung abreißt, gibt es keinen Auftrieb mehr, und der Vogel oder das Flugzeug sackt ab. Ein landender Vogel zeigt sehr gut diese „überzogene" Flügelstellung. Er kann diesen Anstellwinkel beibehalten und weiterhin gut gleiten dadurch, daß er einen mit ein paar Federchen besetzten Finger an der Vorderkante seines Flügels abspreizt. Dieser *Daumenfittich* oder *Alula* genannte kleine Vorflügel bewirkt einen Hoch-

1

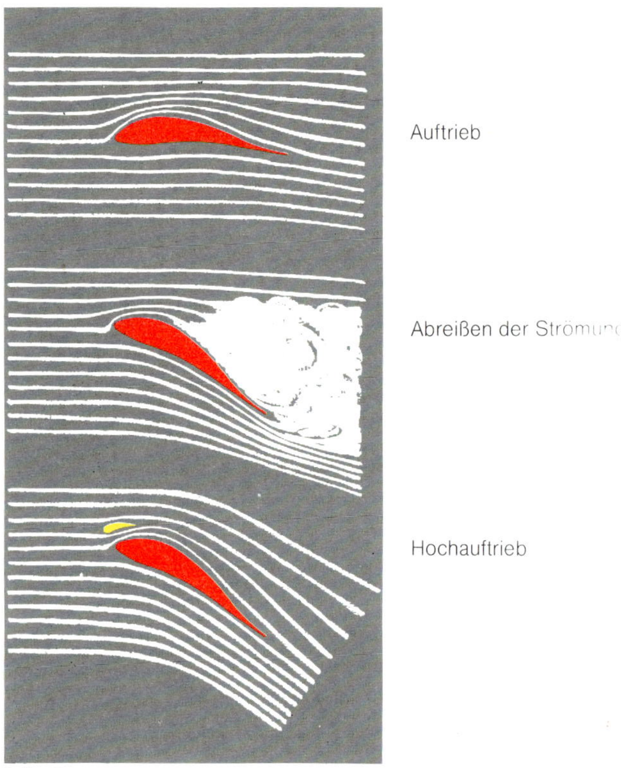

B. Kresling.

2

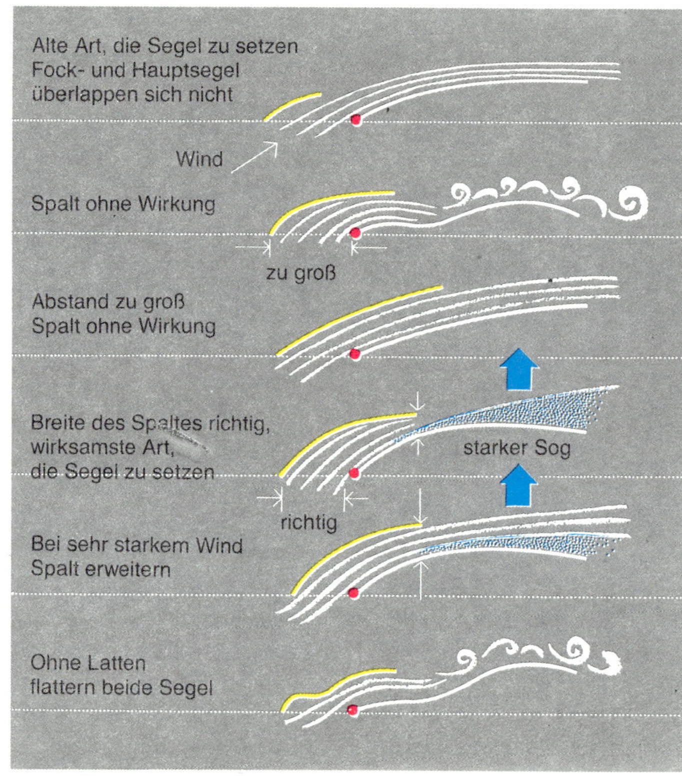

B. Kresling, nach M. Curry (1925).

3

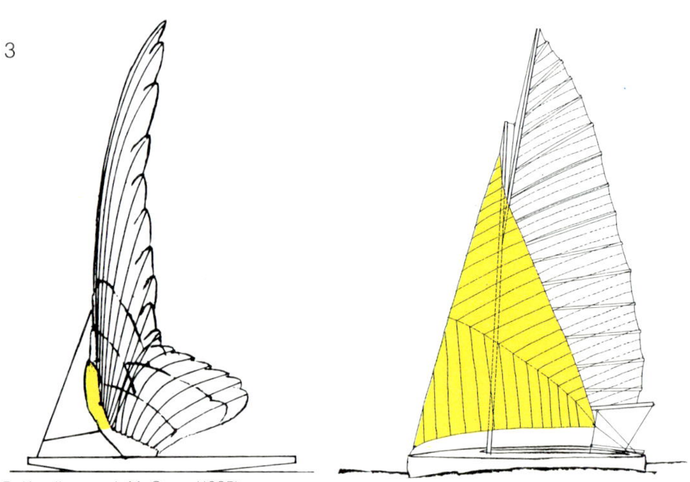

B. Kresling, nach M. Curry (1925).

1. Luftströmung um ein Vogelflügelprofil. Der Auftrieb, der hauptsächlich durch den Unterdruck auf der Flügeloberseite erzeugt wird, wird mit steigendem Anstellwinkel größer. Wird dieser aber zu groß, reißt die Luftströmung ab. Bei Flugzeugen verhindert eine Klappe an der Vorderkante des Flügels, eine sogenannte *Hochauftriebsklappe,* ein solches Abreißen. Bei den Vögeln ist es ein mit Federn besetztes Fingerglied, der *Daumenfittich* oder *Alula,* der dieselbe Funktion hat. Die Luft strömt von links nach rechts.
2. und 3. Diese Vorrichtung bei Vogelflügeln gab Manfred Curry die Idee, die Stellung des Focksegels gegenüber dem Großsegel zu verändern (1925).
4. Der *Wright-Baratoux* über dem Flugplatz von Le Bourget, 1910. Um einen Kurvenflug einzuleiten, hatten die Brüder Wright ein System der Flügelverwindung übernommen. Es gibt dem Flugzeug eine Rollbewegung und ahmt damit eine Flugtechnik der Vögel nach.
5. Dieses Flugzeug, eine F 111 der U.S. Air Force, ist mit einem neuartigen Flügeltyp ausgestattet, einem M.A.W. (*Mission Adaptive Wing*), der Fluglagekorrekturen ausführen kann. Die Vorrichtungen zum Verstellen der Flügelwölbung, der Verwindung und die der „variablen Geometrie" nähern dieses Flugzeug wieder dem Vogel an.

J.-M. Labat / Y. Arthus-Bertrand / Jacana.

Bei diesen Pelikanen, *Pelecanus onocrotalus*, kann man verschiedene technische Flugvorrichtungen sehen: Flügelprofile mit verstellbarer Wölbung, Hochauftriebsklappen (die schwarzfiedrigen Daumenfittiche an der Vorderkante), „Mehrfach-winglets" (die aufgefächerten Handschwingen).

4

Museum für Luft- und Raumfahrt, Le Bourget.

5

Boeing / NASA — US Air Force, Dayton (USA), 1984.

auftrieb. Die Luft, die durch den Spalt zwischen dem Vorderflügel und der Flügelvorderkante streichen kann, verhindert ein frühzeitiges Abreißen der Strömung. Auch bei Flugzeugen wird ein solcher Vorflügel ausgefahren, der zwar den Widerstand erhöht, aber dank des Hochauftriebseffektes das Absacken verhindert.
Manfred Curry hat 1925 aufgrund seiner Kenntnisse über die Rolle des Daumenfittichs bei Vögeln einen Vorschlag gemacht, wie man bei Segelschiffen das Focksegel in einer wirksameren Stellung zum Hauptsegel so setzen könne, daß man den Hochauftriebseffekt ausnützt.

Verformbare Flügel

Zur Zeit der Pioniere der Luftfahrt, vor der Erfindung der beweglichen Flügelklappen, die man zum Kurvenflug einsetzt, ahmten die Flugzeugkonstrukteure mit Vorrichtungen zur Verwindung der Flügel die Vögel nach.
Der Flügelprototyp M.A.W. (*Mission Adaptive Wing*), der gerade in den Vereinigten Staaten entwickelt wird, zeigt eine Tendenz der Rückkehr zum natürlichen Vorbild. Der Flügel kann sich so verformen, daß er während des Fluges schnelle Lageveränderungen durchführen kann. Ein Bordcomputer erhält von außen angebrachten *Sensoren* Informationen, aufgrund derer er die Einstellung und Anpassung der Flügelwölbung und Flügelverwindung entsprechend einem eingegebenen Programm abruft. Alle mechanischen Einrichtungen befinden sich im Innern der glatten und nachgiebigen Hülle aus glasfaserverstärktem Verbundwerkstoff.
Das ideale Profil (Schnitt) eines noch im Unterschallbereich fliegenden Flugzeugs gleicht in nichts dem eines Überschallflugzeugs. Die klassischen Flügen sind Kompromisse, denn die Klappen an Vorder- und Hinterkanten korrigieren die Fluglage nur auf Kosten eines erhöhten Widerstands, was gleichbedeutend mit Energieverlust und daher höherem Kraftstoffverbrauch ist. Um das dem jeweiligen Flugzustand optimal angepaßte Flügelprofil einzustellen, müssen die Veränderungen der Flügelwölbung beim M.A.W. schnell beschlossen und durchgeführt werden können. Die Hinterkante wird sich beispielsweise innerhalb einer Sekunde um 30 Grad absenken können. Dieser Flügeltypus wird für Kampfflugzeuge entwickelt. Das System ist in vielem dem von Vögeln vergleichbar, die über die Strömungsbedingungen der Luft informiert werden, welche auf das Federkleid einwirken und wahrscheinlich entsprechende Reflexreaktionen hervorrufen; aber hier gibt es noch viel zu lernen.

Zugespitzte Flügel und aufgefächerte Schwungfedern

Wie wir schon gesehen haben, herrscht unter dem Flügel ein leichter Überdruck und auf dem Flügel ein Unterdruck, und diese Sogwirkung ist wesentlich für den Auftrieb verantwortlich. An der Flügelspitze aber hat die Luft die Tendenz, von unten her auf die Oberseite hochzusteigen. Diese nach oben angesaugte Luft, die um den seitlichen Rand des Flügels strömt, rollt sich zu einem Wirbel ein und nimmt, da der Flügel sich ja vorwärtsbewegt, eine lange, tütenförmige, nach hinten offene Form an: dies ist der Randwirbel. Die meisten unserer Leser haben diese Erscheinung, vielleicht ohne es zu wissen, bereits gesehen. Die parallelen Kondens-

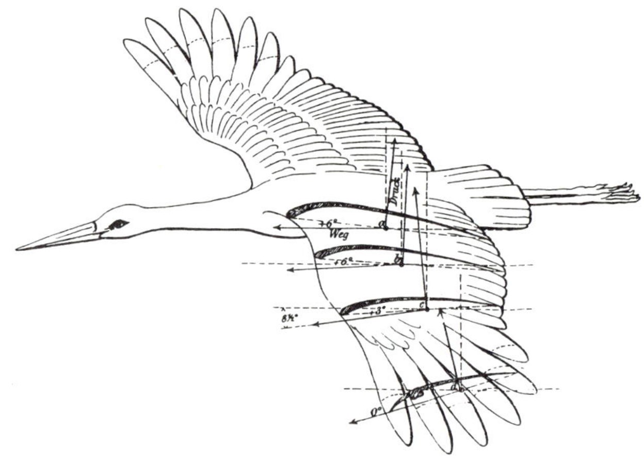

Flügelprofile eines Storches, Abbildung aus dem berühmten Buch von Otto Lilienthal: *Der Vogelflug als Grundlage der Fliegekunst,* das er 1890 veröffentlichte. Lilienthal war nicht nur ein Pionier der Luftfahrt, sondern — und die Zeichnung bestätigt dies — einer der Begründer der *Biotechnik.*

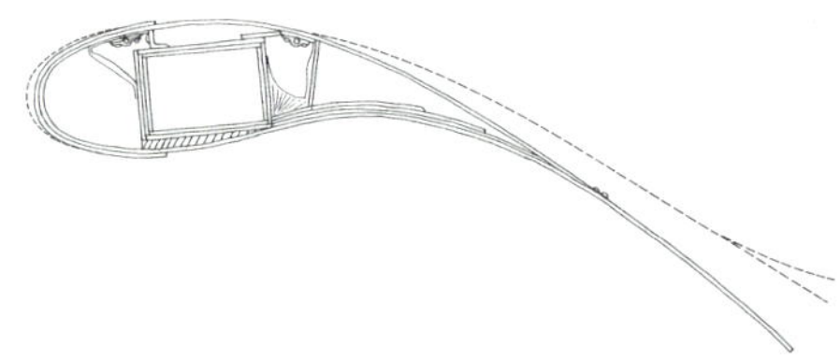

Nach A. Magnan (1931).

Elastisches Flügelprofil des Segelflugzeugs M2 mit verformbaren Flügeln von A. Magnan (1914).
(*Darunter*) Verformbarer Flügel M.A.W. (1984), ein von Boeing, NASA und U.S. Air Force gemeinsam durchgeführtes experimentelles Programm. Die Verformungen des Flügels werden über ein schnell reagierendes gekoppeltes System von *Sensoren* und Computer gesteuert. Das System kontrolliert auch die zulässigen dynamischen Belastungen, um ein Auseinanderbrechen der Struktur zu verhindern.

Boeing / NASA (US Air Force, Dayton (USA 1984).

Sichtbargemachte Strömung der Luft um verschiedene Flügelprofile. Original-Chrono-Fotografien von E. J. Marey (1900). Die hinter dem Profil stromabwärts entstehende Wirbelzone wird schmaler, wenn das Profil gewölbt ist (Vogelflügel, Flügel einer Fledermaus). Parallel zu seinen aerodynamischen Studien mit Windkanälen führte Marey Beobachtungen an fliegenden Vögeln durch. Strömungsrichtung der Rauchfäden: von oben nach unten.

Nationalinstitut für Fotografie, Paris.

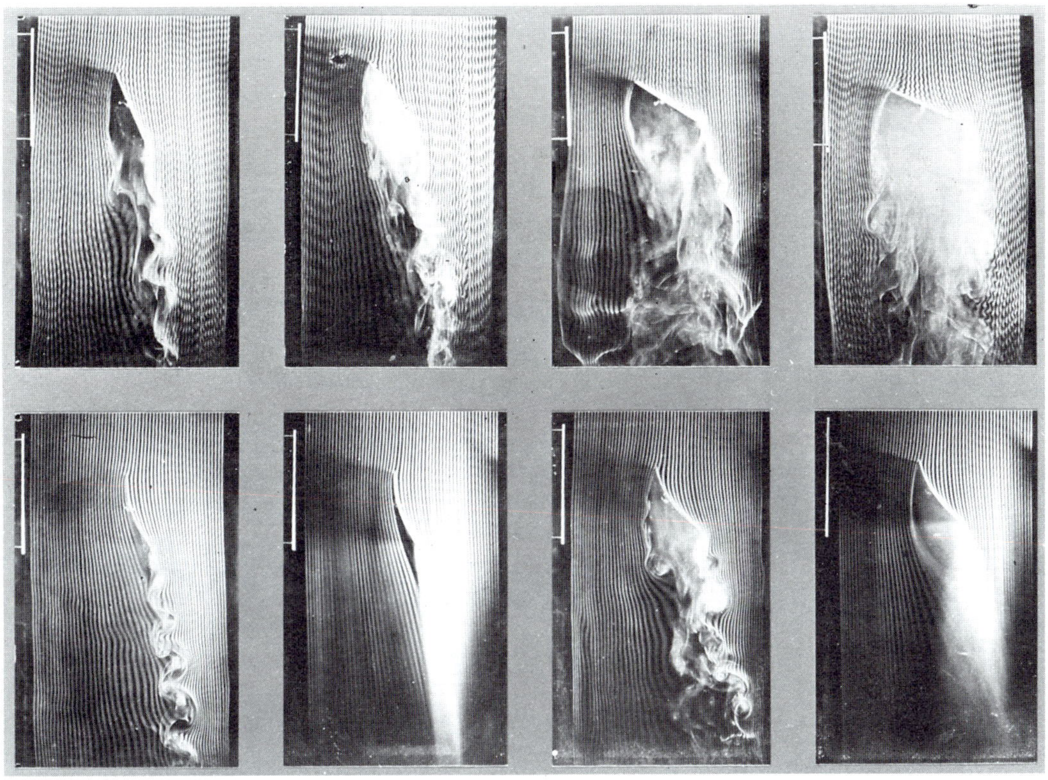

An der Universität Saarbrücken wurden von der Arbeitsgruppe um W. Nachtigall verschiedene Windkanäle gebaut, die es erlauben, den Flug von gezähmten Tauben und Staren unter naturähnlichen Bedingungen zu beobachten. Die stereophotogrammetrische Auswertung von Fotos horizontal gleitender Tauben hat gezeigt, daß die Flügelprofile fliegender Tauben sich ganz deutlich von den Profilen ausgestreckter Flügel in Ruhestellung unterscheiden (1985).

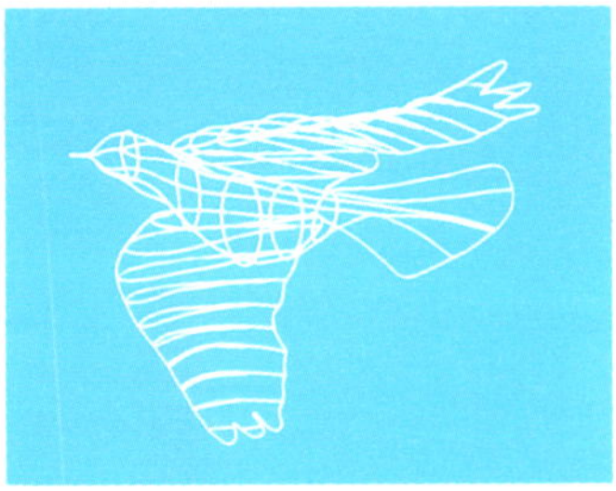

W. Biesel, H. Butz, W. Nachtigall, Saarbrücken.

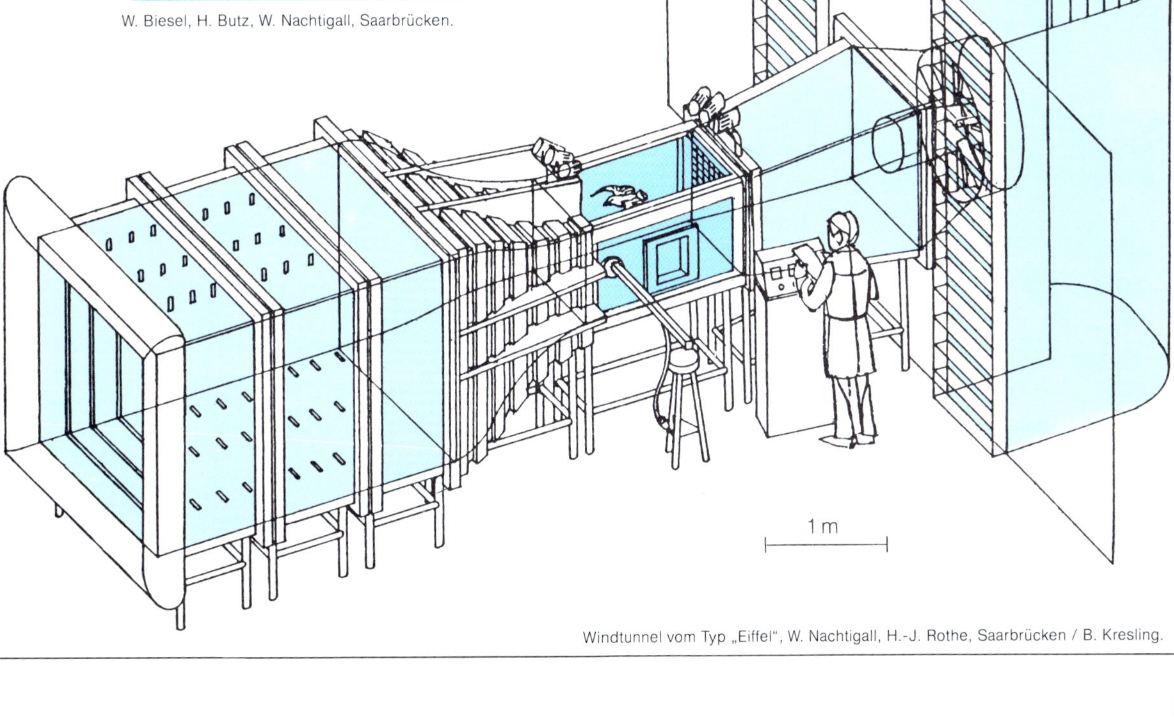

Windtunnel vom Typ „Eiffel", W. Nachtigall, H.-J. Rothe, Saarbrücken / B. Kresling.

streifen, eine Art zweispuriges Wolkenband, die hinter Flugzeugen, die in großer Höhe fliegen, am Himmel erscheinen, stammen nicht, wie man es meistens glaubt, von den Triebwerken, sondern von den Randwirbeln der Flügel. Dieselbe Erscheinung kann man auch beim Landen in Luft mit sehr hoher Feuchtigkeit beobachten.

Diese Randwirbel entziehen dem Flügel kinetische Energie, das heißt also Energie, die er zum Auftrieb und damit auch zum Vorwärtsgleiten benötigt. Der Flug wird abgebremst. Die Energie eines Wirbels ist proportional dem Quadrat seines Durchmessers und dieser wiederum wächst mit der Breite des Flügelrandes. Man schätzt, daß bei einem normalen Transportflugzeug beide Randwirbel zusammen etwa ein Drittel der kinetischen Energie verbrauchen.

Es war also notwendig, diesen Energieverlust zu verringern. Die Techniker haben als erstes natürlich daran gedacht, die Flügel schmaler und zum Rand zu spitz zulaufend zu gestalten. Die elegante Silhouette von Segelflugzeugen, die an Wettflügen teilnehmen, aber auch die hohen, spitzzulaufenden Segel der Segelyachten neuester Bauweise zeigen deutlich diese Tendenz.

Die Natur hat ebenfalls diese vorteilhafte Form gewählt. Der Albatros ist dafür ohne Zweifel das beste Beispiel. Man kann beobachten, wie dieser Vogel stundenlang ohne einen einzigen Flügelschlag im Gleitflug dahinsegelt. Zu seinen ausgezeichneten aerodynamischen Eigenschaften kommt noch die meisterliche Beherrschung der Technik des Segelfliegens dazu, um die ihn die besten Piloten beneiden. Man versteht, daß er Le Bris so sehr fasziniert hat.

P. Barruel / Hachette.

Lange und schmale Flügel vermindern beträchtlich den Energieverlust, den die Randwirbel verursachen. Eine Streckung der Flügel finden wir bei vielen Seevögeln wie zum Beispiel bei diesem Albatros.
Das Segelflugzeug M2 von Magnan (1914) mit verformbaren Flügeln und großer Flügelstreckung erhielt seine Anregung von Baßtölpeln. Der Flügel stellt den Versuch dar, ein elastisches Profil zu finden, dessen Wölbung sich automatisch den jeweiligen Bedingungen anpaßte. Die Elastizität war jedoch zu problematisch und stellte zu hohe Anforderungen an die Festigkeit des Materials und der ganzen Konstruktion. Das Segelflugzeug ist niemals geflogen.

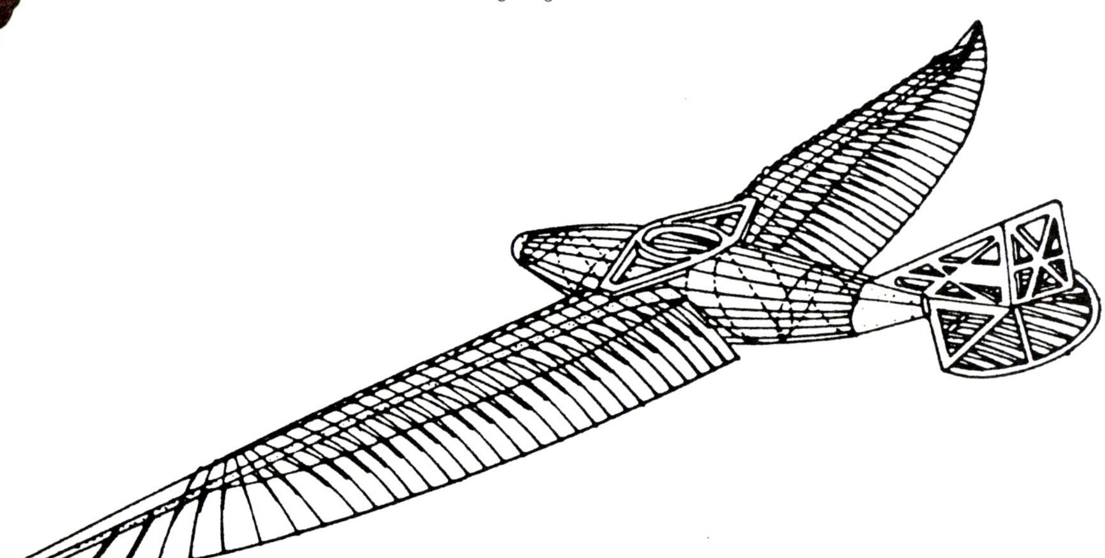

B. Kresling, nach A. Magnan, 1931.

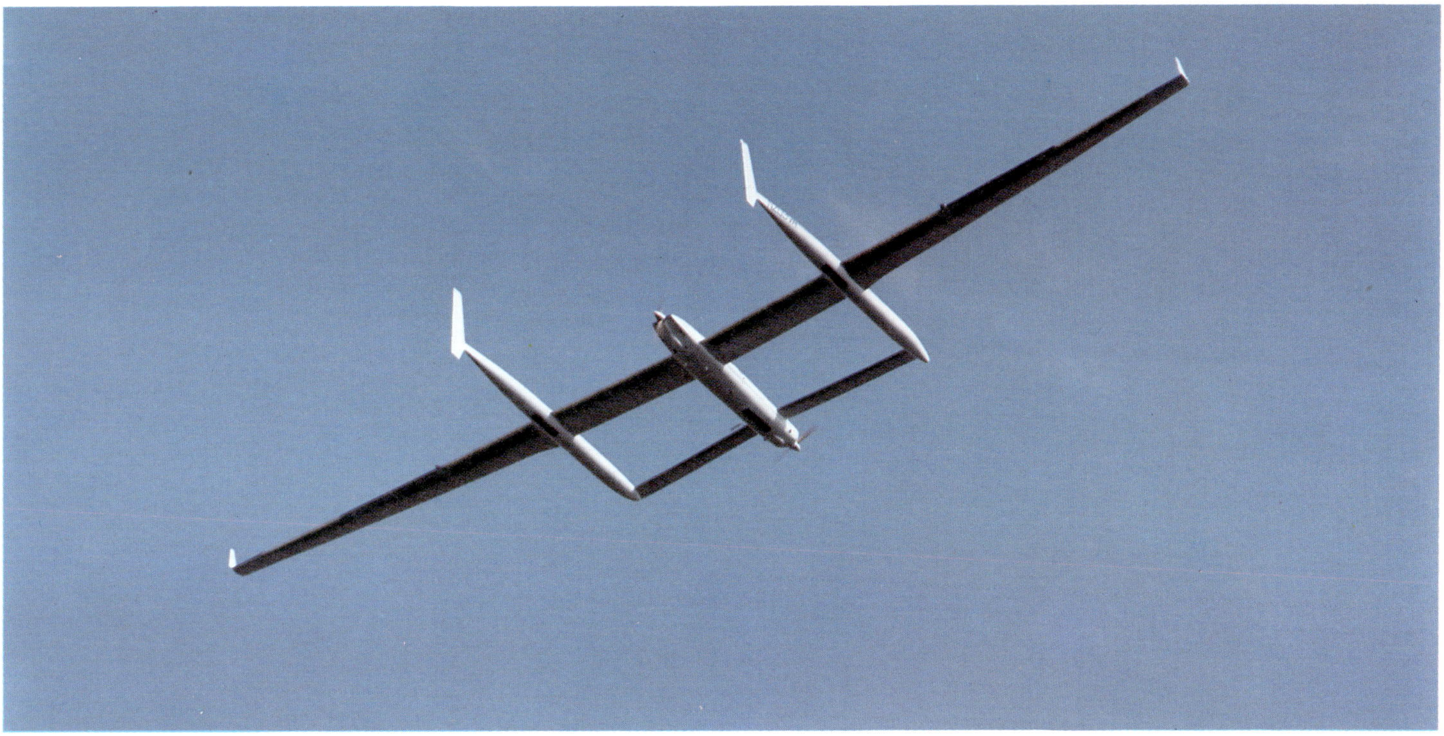

B. und D. Rutan, J. Yeager, Rutan-Aircraft, Kalifornien.

Akaflieg, Universität Braunschweig.

Dieselbe Lösung äußerst langgestreckter Flügel wurde auch für den *Voyager,* ein motorbetriebenes Flugzeug, gewählt, mit dem Dick Rutan und Jeana Yeager die Erde ohne Zwischenlandung und ohne Auftanken in 9 Tagen umflogen (Dezember 1986).
(*Links unten*) Das Foto zeigt das Segelflugzeug SB 10 für Wettflüge (Spannweite 26 Meter) der *Akademischen Fliegergruppe* der Universität Braunschweig, bei einem Rekordflug im Sommer 1979 über der australischen Wüste. Es stellt den Versuch einer Optimierung des Verhältnisses Auftrieb — Widerstand (das man durch die *Gleitzahl* ausdrückt) dank der Streckung und Spannweite der Flügel dar. Dieses Segelflugzeug hat mehrere Weltrekorde aufgestellt. Die beiden Beispiele zeigen, daß der sportliche Wettbewerb — vergleichbar der natürlichen Selektion — ein bedeutender Faktor bei der technischen Evolution sein kann.

Die Form eines Flugzeugs oder die eines Lebewesens kann niemals in idealer Weise auf nur eine Funktion hin ausgerichtet sein und nur einem Kriterium gehorchen. Ein Vorteil auf der einen Seite kann oft einen Nachteil auf der anderen Seite mit sich bringen. Natur und Technik müssen sich mit nicht ganz Vollkommenem zufrieden geben und erhalten daher oft mehrere Lösungen.
Die extreme Länge der Flügel ist für den Albatros ganz offensichtlih kein Handikap, weil er sich in einem Luftraum ohne Hindernisse bewegt. Dies wäre nicht der Fall, müßte er sich zwischen den Bäumen eines Waldes hindurchbewegen, wie es gewisse Raubvögel, so z. B. die Bussarde, tun.
Die Evolution hat für diese Vögel eine andere technische Lösung gefunden, für die sich die Aerodynamiker seit kurzem sehr interessieren.
Jeder von uns erinnert sich an das Bild eines großen Raubvogels, der am Himmel gleitet. Besonders auffällig an ihm sind die großen, aufgefächerten Schwungfedern am Flügelrand, die sich wie die Finger einer Hand spreizen.
Diese Federn liegen nicht alle in einer Ebene, sondern sind räumlich angeordnet. Jede einzelne läßt einen kleinen Randwirbel entstehen. Hinter dem Flügel formieren sie sich

Museum für Luft- und Raumfahrt, Le Bourget.

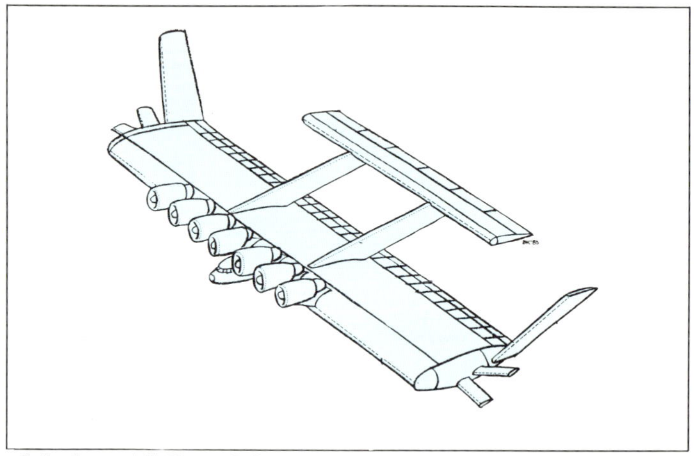

B. Kresling, nach H. Zimmer, D. G. L. R.-Bericht (1977).

zu einem großen, zusammengesetzten Wirbel. Dieses Wirbelsystem entzieht im Ganzen aber nicht so viel Energie wie es ein einzelner, kompakter Randwirbel tun würde, der an einem breiten, gerade abgeschnittenen Flügelrand entsteht. Diesem Prinzip entsprechende Vorrichtungen werden derzeit bei bestimmten Unterschallflugzeugen (*Spanloader* von Boeing) unter der Bezeichnung von *winglets* (Flügelchen) erprobt.

Nach Ingo Rechenberg* wird die im Innern eines zusammengesetzten Randwirbelzopfs eingefangene Luft beschleunigt und gibt so zum Teil die Energie nach Art eines Triebwerkes wieder frei. In Anlehnung an dieses Prinzip hat er ein in seiner Konzeption ganz neuartiges System einer mit Windkraft betriebenen Turbine erdacht.

Sie besteht aus einer Rosette von konzentrisch angeordneten Flächen, die sich als Ganzes wie eine Wetterfahne drehen kann. Die einzelnen Flächen, deren Anstellwinkel der Wind selbst reguliert, sind wie Profile eines Vogelflügels gewölbt. Die Luftströmung trifft auf diese Flächen auf und bildet an jedem der Ränder, besonders aber an den zum Zentrum zeigenden, Randwirbel aus. Aufgrund der gestaffelten Anordnung bildet sich dort ein großer zentraler Wirbel. Die im Wirbelzentrum strömende, beschleunigte Luft treibt eine dort montierte Turbine an.

(*Unten*) Ein Bussard, *Buteo buteo,* der ohne jeden Flügelschlag gleitet — ein wirtschaftlicher Flug par excellence. Der Auftrieb der sehr breiten Flügel wird noch durch das Auffächern des Flügelrandes in einzeln abgespreizte große Schwungfedern verbessert.

Es gibt zahlreiche historische Beispiele von Flugapparaten mit solchen und am Rande aufgefächerten Schwingen, die so charakteristisch für die guten Gleitflieger unter den großen Vögeln sind.

Einer davon ist der *Storch* von Otto Lilienthal aus dem Jahre 1894. Die „Schwungfedern" konnten sich unter der Einwirkung des Windes verformen (*oben links*).

Eine ganz neue Anwendung des Prinzips aufgefächerter Flügel ist das Projekt von Boeing, das vorsieht, ein Transportflugzeug (*Spanloader*) mit Mehrfach-*winglets* (kleinen Flügeln) auszustatten. Aus technischen Gründen läßt sich die Stellung dieser kleinen Elemente am Flügelrand während des Fluges nicht verändern. Daher ist es erforderlich, mit konstanter, vorher festgelegter Geschwindigkeit zu fliegen (*oben*).

P. Barruel / Hachette.

O. N. E. R. A., Châtillon (Frankreich).

Ein gerade abgeschnittener seitlicher Flügelrand läßt einen starken Randwirbelzopf enstehen, der viel Energie verbraucht. Die Wirbelbildung wurde durch Markierungsfarben in einem Wasserkanal sichtbar gemacht.

Institut für Bionik, Berlin / I. Rechenberg.

Sichtbarmachung der Luftströmung durch Rauch an einem mit mehrfachen gestaffelten *winglets* ausgestatteten Flügel. Eine Reihe von einzelnen, kleinen Randwirbeln, die weniger Energie verbrauchen, formieren sich zu einem großen Wirbel, der die in seinem Kern gefangene Luftsäule ähnlich einem Triebwerk beschleunigt.

I. Rechenberg.

Dieser Prototyp einer Windkraftanlage, *Berwian*, wurde von Ingo Rechenberg am Institut für Bionik und Evolutionstechnik in Berlin entwikkelt. Er profitiert von den aerodynamischen Untersuchungen über die Rolle ausgespreizter Schwungfedern von Raubvögeln und anderen großen, gut gleitfliegenden Vögeln. Eine Reihe von (gelb angestrichenen) Flügelprofilen ist rosettenförmig um einen leeren Mittelpunkt angeordnet (das Ganze dreht sich jedoch nicht wie ein Windrad). Die einzelnen Randwirbel bilden im Zentrum der Anlage einen großen zusammengesetzten Wirbel, in dessen Kern die beschleunigte Luftsäule eine Turbine (rote Propellerblätter) antreibt. Alle Profile sind schwenkbar montiert und passen sich automatisch der jeweiligen Windstärke an. Das Ganze kann sich, wie eine Wetterfahne, in den Wind drehen. Die Leistung der Turbine beträgt 5 kW.

IM DREHFLUG

Wenn die geflügelten Spaltfrüchte des Feldahorns (*Acer campestre*) sich vom Baum lösen und teilen, fängt jede Teilfrucht von alleine an, sich zu drehen, da das Gewicht exzentrisch, am Rande des Flügels, sitzt. Die Fortbewegung des Flügels durch die Luft erzeugt Hub, wodurch sein Fall verlangsamt wird. Hat der Wind diesen Fall ausgelöst, wird er die Flugbahn der Ahornfrucht stark neigen, womit er zur Verbreitung der Samen beiträgt. Den Berechnungen von Heinrich Hertel zufolge brächte ein Wind mit einer Geschwindigkeit von 16 Metern pro Sekunde einen aus 10 Metern Höhe mit einer Geschwindigkeit von 0,8 Metern pro Sekunde fallenden Samen an eine 200 Meter weit entfernte Stelle.

Zentralbibliothek, MNHN, Paris.

Blätter und Früchte des Ahorns. Velin von Henri-Joseph Redouté (1766–1852), aus der Sammlung des Naturhistorischen Museums in Paris.

Propellerblätter aus Holz aus der Sammlung des Luft- und Raumfahrtmuseums Le Bourget. Einige erinnern stark an die Form von Ahornsamen.

R. Landin, Ausstellung MNHN, Paris (1985–1986).

Aufnahmen mit stroboskopischer Beleuchtung: J.-M. Baufle, MNHN, Paris.

Eine Bemerkung des Aerodynamikers L. Romani verdient es, hier zitiert zu werden: „Der Feldahorn macht etwas ganz Raffiniertes: er bildet scheinbar zweiflüglige Propeller, die auf den ersten Blick nicht funktionell sind. In Wirklichkeit aber handelt es sich um zwei einflügelige Propeller, die sich nacheinander ablösen und in umgekehrter Richtung drehend fallen. Auf diese Weise haben beide Flügel zusammen nicht die Tendenz, sich am Baum zu drehen und laufen dadurch auch nicht Gefahr, sich vor der Reife durch Überdrehen des Stielchens von ihm zu lösen.

Die Dynamik der Ahornfrucht ist durchaus der eines Windmühlenflügels, der seine Energie von der umströmenden Luft erhält, vergleichbar.

Eine Selbstdrehung kann eintreten, wenn ein Flugzeug abtrudelt — was mit seiner Zerstörung endet — oder dann, wenn bei einer Motorpanne das Sicherheitssystem eines Hubschraubers den Fall verlangsamt und somit eine Notlandung ermöglicht.

Und noch woanders finden wir dieses Prinzip: beim *Autogyros* (Windmühlenflugzeug) von J. de La Cierva übernimmt ein von einem Flugzeugmotor angetriebener Propeller die seitliche Fortbewegung. Ein zweiter waagrechter Propeller mit vier breiten Flügeln kommt durch den Fahrtwind von selbst in Drehung. Diese Drehflügel geben dem Apparat Hub.

Der Flug einer Ahornfrucht in Eigenrotation läßt sich nicht mit dem eines Hubschrauberrotors vergleichen, dessen Flügel verformbar sind und gelenkig montiert werden, sondern mit der Bewegung der Drehflügel eines *Autogyros*.

B. Kresling.

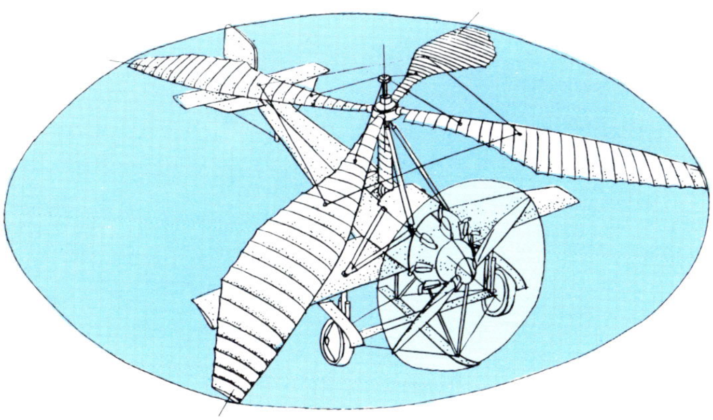

Gegen 1840 hatte Sir George Cayley die Flügelfrucht eines Ahorns als Vorbild für Propellerblätter vorgeschlagen. Aber erst 1928 baute der Spanier J. de La Cierva diesen Flugapparat, den *Autogyros C8—11*. Ein klassischer, von einem Motor angetriebener Propeller bewegt ihn vorwärts, während die Drehflügel (nicht motorisiert und ohne Gelenke) sich durch den Fahrtwind zu drehen beginnen und so Hub erzeugen.

Sammlung des Museums für Luft- und Raumfahrt, Le Bourget / R. Landin.

Collège de France, Paris / B. Kresling.

Zwei Modelle von Flugzeugen mit schlagenden Flügeln nach dem Vorbild „Vogel“ oder „Fledermaus“, die nach den Skizzen von Leonardo da Vinci (um 1500) gebaut wurden. Diese Entwürfe von „Ornithopteren“ sind Zeugnisse über die Vorstellungen, die Leonardo da Vinci über die Mechanismen des Schlagfluges hatte.

Die Skulptur von E.-J. Marey „Räumliche Figuren der aufeinanderfolgenden Stellungen einer Taube während des Fluges“, die er 1887 nach einer Serie von Chronophotographien anfertigen ließ, geben Rechenschaft, wie komplex die Bewegungen sind und wie stark die Flügel verformt werden.

MIT SCHLAGENDEN FLÜGELN

Beim Gleitflug, von dem im letzten Kapitel die Rede war, kommt dem Flügel hauptsächlich die Aufgabe der Auftriebserzeugung zu, der Vortrieb wird — im Fall von Flugzeugen beispielsweise — Propellern oder Triebwerken überlassen.

Beim Schlagflug müssen die Flügel zugleich Auftrieb und Vortrieb erzeugen. Dieses Problem ist technisch sehr viel komplizierter, wie die Fehlschläge aller Flugzeuge mit Schlagflügeln in der Vergangenheit beweisen. Die Mißerfolge erklären sich aus den Schwierigkeiten der Übersetzung in einen anderen Maßstab, dem übermäßigen Gewicht, dem Mangel mechanischer Festigkeit der Materialien und schließlich aus den Gleichgewichtsproblemen, die solche Flugmaschinen aufweisen. Bis auf den heutigen Tag ist der Hubschrauber die einzige Maschine, die wirklich eine Art Schlagflug ausführt — aber es gelang erst, ihn zu bauen, als man schon längst Flugzeuge zu bauen verstand. Die Studien über den Flug von Vögeln, Fledermäusen und Insekten stellen einen ausgedehnten Forschungsbereich dar, der noch viele Möglichkeiten bietet.

Man stellt fest, daß die technischen Lösungen bei Hubschraubern denen von Insekten und Kolibris gar nicht so unähnlich sind. Flügel und Rotorblatt ändern ihre Richtung während eines Schlagzyklus oder Drehzyklus. Die Veränderung des Anstellwinkels der Rotorblattebene oder der mittleren Schlagebene der Flügel bedingt in vergleichbarer Weise die Richtung des Fluges.

Ein Hubschrauberrotor besteht aus einer Reihe komplizierter Gelenke. Die Techniker versuchen, die Systeme dadurch zu vereinfachen, daß sie neue Materialien und elastische Rotorblattstiele einführen und die Veränderungen der Blattwölbung durch eine Verstellung der Einlenkung am Rotorkopf bewirken. Auch Faltsysteme, wie zum Beispiel die Vorderflügel von Heuschrecken, könnten Anregungen geben.

1

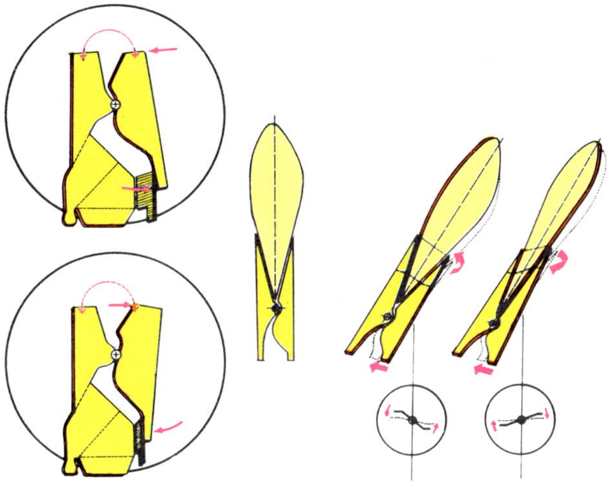

Nach H.-K. Pfau (1977).

2

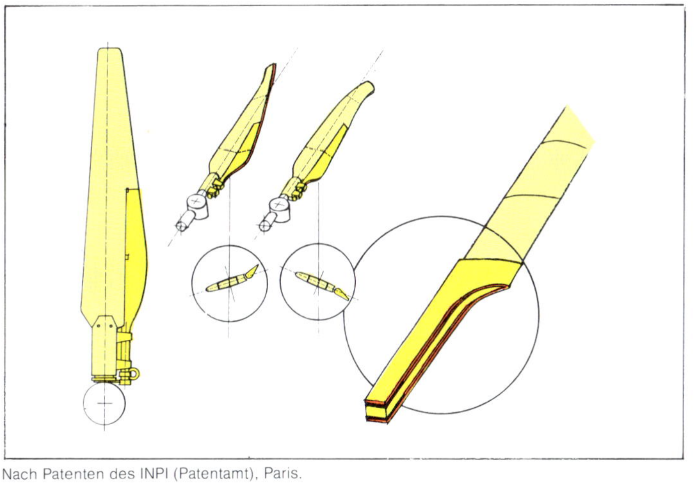

Nach Patenten des INPI (Patentamt), Paris.

1. Vorderflügel einer Wanderheuschrecke, *Locusta migratoria* L., hypothetisches Modell der automatischen Flügelfaltung in S-Form während des Flügelschlags. Nach H.-K. Pfau (1977) und W. Nachtigall.

2. Die Mechanismen moderner Hubschrauberrotoren sind durchaus mit denen von Insektenflügeln vergleichbar. Rotorblatt, das sich von der Basis her verformen läßt. Nach einem Patent der O.N.E.R.A., A. Schweisch, 1977. Rotorblatt mit elastischem Stiel, nach einem Patent der MBB, 1979.

3. Flug eines Kolibris auf der Stelle, verglichen mit dem eines Hubschraubers. Der Flügel eines Kolibris kann dank seiner außerordentlich beweglichen Schulter- und Armgelenke Bewegungen in einer horizontalen Schlagebene ausführen.

4. Schwirrflug eines Kolibris vor einer Blüte. Die etwas dickeren Vorderkanten seiner Flügel weisen hier nach hinten, nach einer Drehung um 180 °!

3

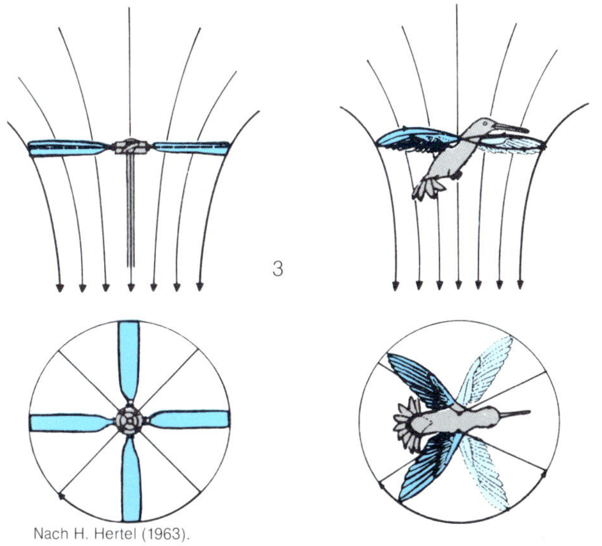

Nach H. Hertel (1963).

4

P.-A. Milwaukee / Jacana.

E. Schmidt, Bonn.

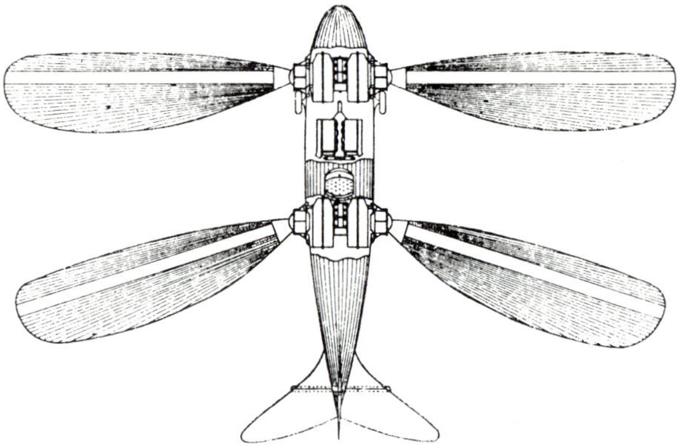

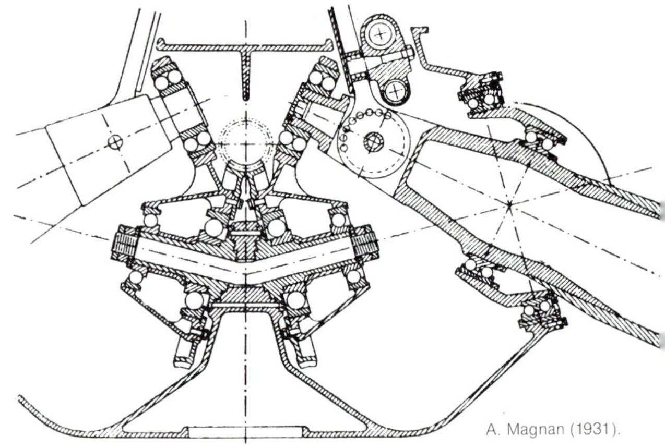

A. Magnan (1931).

Großlibelle, *Aeshna cyanea,* im Flug. Schlagmechanismus und Feinsteuerung sitzen an der Flügelbasis. Die zum Flug nötigen Verformungen des Flügels entstehen von selbst.

Flugzeug mit schlagenden Flügeln von L. Kahn, von unten gesehen. Abbildung aus dem Buch von A. Magnan: *Le vol des oiseaux et le vol des avions* (*Der Flug von Vögeln und von Flugzeugen,* 1931). Ein origineller Mechanismus (*Drei-Stangensystem:* Kurbel, Pleuelstange und oszillierende Drehachse) erlaubt es den Flügeln, Bewegungen in komplizierten Schlagbahnen auszuführen. Dieses Flugzeug ist nie geflogen — ein Schicksal, das es mit allen „Ornithopteren", der Natur nachgebauten Flugzeugen mit schlagenden Flügeln, teilt.

Flug einer *Phormia* (Fliege, wie alle Dipteren nur ein Flügelpaar). Der Flügel beschreibt schematisch ein langgestrecktes „O". Auf der oberen Zeichnung (nach Hochfrequenz-Filmaufnahmen) sieht man, daß der Flügel eine starke Verdrillung erfährt: während der Aufwärtsbewegung zeigt die Flügelvorderkante nach hinten! Die verschiedenen Flugstile: vorwärts, rückwärts, auf der Stelle werden wie beim Hubschrauber durch die Neigung der „Rotorschlagebene" (Neigung der Großachse des „O") erreicht.

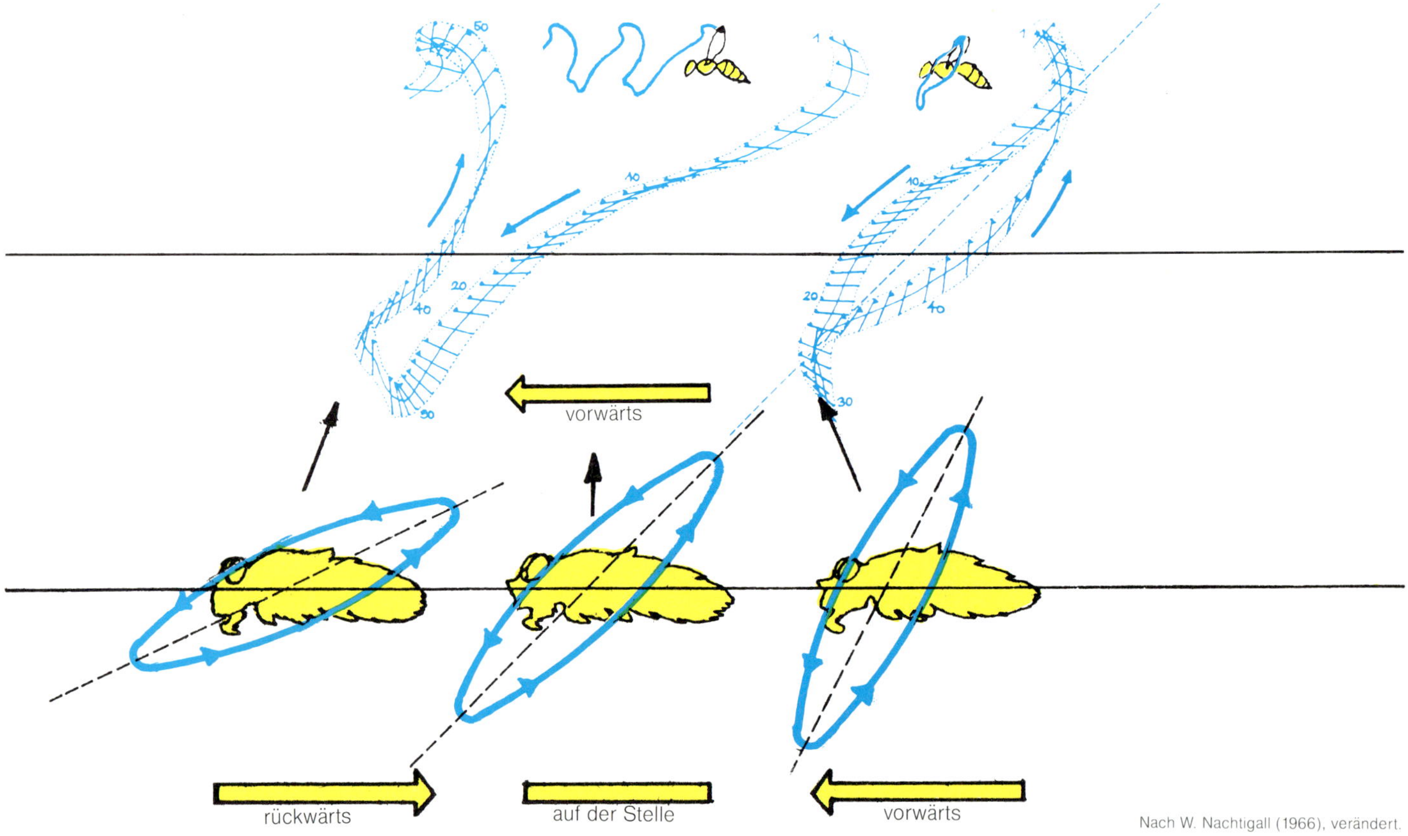

Nach W. Nachtigall (1966), verändert.

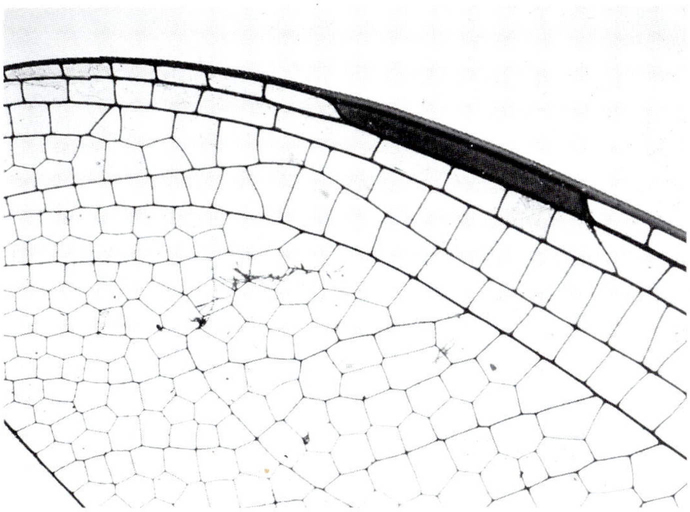

J.-M. Baufle, MNHN, Paris.

Ausschnitt aus dem vorderen Rand eines Libellenflügels. Die röhrenförmigen Adern bilden ein Fachwerk, das die feine Flügelmembran spannt und versteift. Das Adernetz ist an den verschiedenen Stellen jeweils unterschiedlich gestaltet: der vordere Rand ist durch stärkere Adern und eine Faltung des Flügels besonders versteift. Der schwarze Punkt, das *Pterostigma,* spielt dieselbe Rolle wie die Masse, die man an Rotorblättern von Hubschraubern oder an Flugzeugflügeln in der Nähe des äußeren Randes der Vorderkante anbringt, oder wie ein „Vibrastop" im Netz von Tennisschlägern: er dämpft Vibrationen.
(*Unten*) Zeichnung eines Goldauges, mit ausgebreiteten Flügeln.

B. Kresling.

DER VIBRATIONSSTOPP IM FLÜGEL

In den dreißiger Jahren kamen viele Piloten ums Leben, weil ihre Flugzeuge im Flug zerbarsten. Die wenigen Piloten, die den Absturz überlebt hatten, berichteten, daß das Flugzeug angefangen habe, zu vibrieren, und zwar zuerst in den Flügeln. Die Ingenieure schafften dadurch Abhilfe, daß sie die Vorderkante des Flügels versteiften und in der Nähe des seitlichen Randes beschwerten.
Erst später bemerkte man an den Flügeln von zahlreichen Insekten eine analoge Vorrichtung, die ausgezeichnet an Libellenflügeln zu sehen ist. Die Adern der Vorderkante sind dichter und auch stärker, das Ganze ist wie ein räumlicher Fachwerkträger ausgebildet. Der dunkle Punkt, den man als *Pterostigma* bezeichnet, stellt einen echten Ballast aus Hämolymphflüssigkeit (Blut des Tieres) dar.

DER KREISELKOMPASS DER FLIEGEN

Die Dipteren (Fliegen, Mücken) besitzen im Gegensatz zu vielen Insektengruppen, wie zum Beispiel Schmetterlingen, nicht vier, sondern nur zwei Flügel. Ihr Name (pteron = Flügel) deutet dies an.
Bei den Dipteren hat sich das hintere Flügelpaar in zwei kleine keulenartige Gebilde umgewandelt, die man *Schwingkölbchen* oder *Halteren* nennt. Sie dienen als Kontrollorgane für eine Änderung der Richtung, der Höhe und der Geschwindigkeit des Fluges. Lange Zeit war man der Meinung, sie würden als eine Art Balancierstangen dienen, weil sie ihnen von der Form her ganz ähnlich sind. Die Funktion der Schwingkölbchen ist nicht die Lösung des dynamischen Problems, das ein Seiltänzer in luftiger Höhe einer Zirkuskuppel hat, nämlich sich mit Hilfe einer an den Enden durch Gewichte beschwerten Stange im Gleichgewicht zu halten. Bei den Halteren handelt es sich um ein Sinnesorgan, um ein Instrument der Flugsteuerung und nicht um Stangen mit winzigen Ausgleichgewichten.
Wenn man sich mit bloßem Auge eine von diesen zu groß geratenen Mücken mit langen Beinen und einem tolpatschigen Flug anschaut, kann man ohne Schwierigkeiten die Schwingkölbchen erkennen, die wie zwei winzige Stecknadeln herausstehen. Untersucht man diese Kohlschnake dann unter dem Mikroskop, kann man an der Ansatzstelle der Stielchen dieser Halteren Felder von Sinnesorganen sehen, die aus in regelmäßig aneinandergereihten kleinen Hohlräumen des Hautpanzers untergebrachten Papillen bestehen.
Diese Sinnes-Papillen oder glockenförmigen Sensillen zeigen eine am Scheitel verdickte Kutikula. Wenn unter der Einwirkung einer Verformung des Hautpanzers eine Druckspannung parallel zu diesem Scheitel auftritt, wird sie auf die Sinneszellen übertragen, die dadurch erregt werden. Wirkt die Druckspannung aber im rechten Winkel zum Scheitel ein, so legt sich die dünne, weiche Kutikula in Falten und gibt dem Druck nach, ohne ihn zu übertragen.

Makroaufnahme einer Kohlschnake, *Tipula.* Das hintere Flügelpaar hat sich zu zwei kleinen Keulen umgebildet, den *Schwingkölbchen* oder *Halteren.* In den fünfziger Jahren deutete sie der Insektenforscher J. W. S. Pringle als Navigationsinstrumente. Zur selben Zeit, aber unabhängig davon, entwickelte der Ingenieur J. Lyman einen Vibrationskreiselkompaß, den *Gyrotron,* der nach einem analogen Prinzip funktioniert.

W. Nachtigall, Saarbrücken.

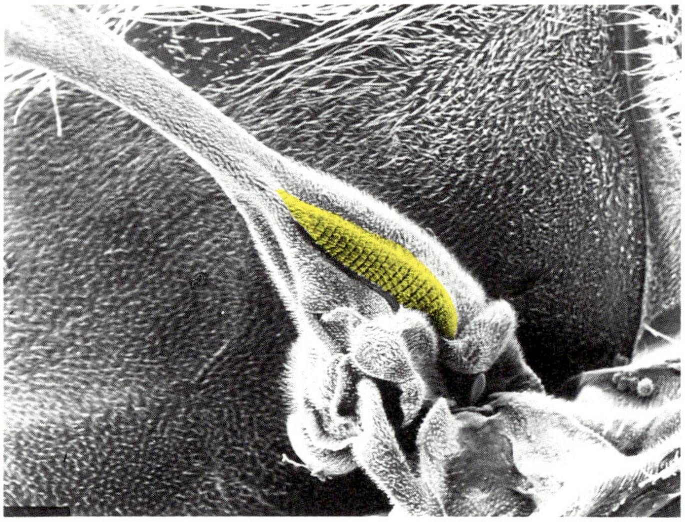

Wenn eine Diptere fliegt, schwingen die Kölbchen im gleichen Rhythmus wie die Flügel auf und ab. Jede Verformung der Ansatzstelle überträgt sich auf die Sinnesfelder. Solange die Diptere geradeaus fliegt, ohne die Richtung oder die Geschwindigkeit zu ändern, erhält sie von beiden Seiten gleich starke Nervenimpulse. Ändert sie aber die Richtung ihres Fluges, haben die Köpfchen aufgrund ihrer Trägheit die Tendenz, weiter in derselben Ebene zu schwingen, während der Rumpf, dem sie aufsitzen, eine andere Lage eingenommen hat. Man könnte sagen, daß sie quer schwingen, und daß diese Richtungsänderung, die sie zwingt, dem Rumpf in seiner Bewegung zu folgen, Spannungen an der Ansatzstelle des Stielchens hervorruft. Diese übertragen sich auf die Kutikula. Die Summe aller Erregungen gibt dem Tier Auskunft über die Änderung seiner Fluglinie. Das Gleiche geschieht beim Beschleunigen und Abbremsen.

Zur selben Zeit, als der englische Insektenforscher J. W. S. Pringle die Rolle des Schwingkölbchens bei Dipteren beschrieb, erfand der Ingenieur J. Lyman, ohne die Forschungen von Pringle zu kennen, ein System der Flugsteuerung durch Trägheit, das auf demselben Prinzip beruhte: das *Gyrotron,* ein Vibrationskreiselkompaß, der bei modernen Flugzeugen den Kreiselkompaß mit sich drehenden Teilen ersetzen sollte.

Die Rolle der Schwingkölbchen wird von einem stimmgabelförmigen Bauteil übernommen, dessen Vibration von mehreren Elektromagneten aufrechterhalten wird, und an dessen Stiel Geräte die auftretenden Spannungen messen.

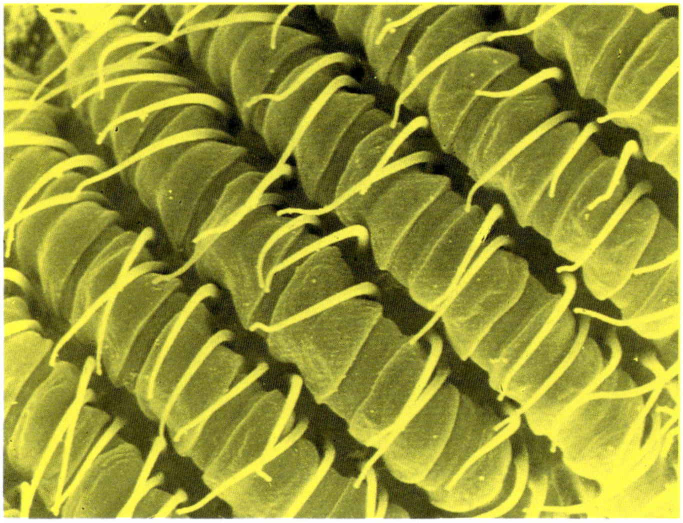

Detail der Sinnesfelder an der Ansatzstelle der Schwingkölbchen einer Schwebfliege, *Eristalis.*

Entomologie, MNHN, J. Menier.

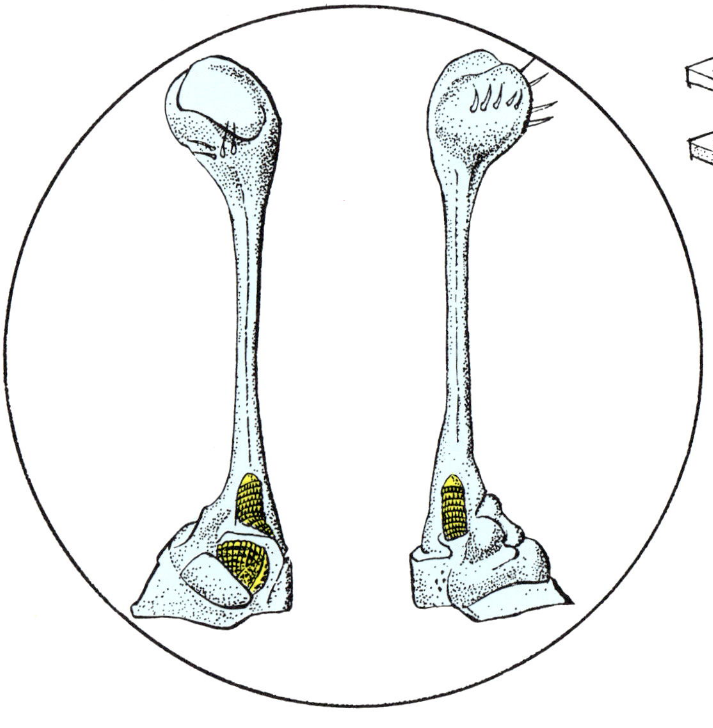

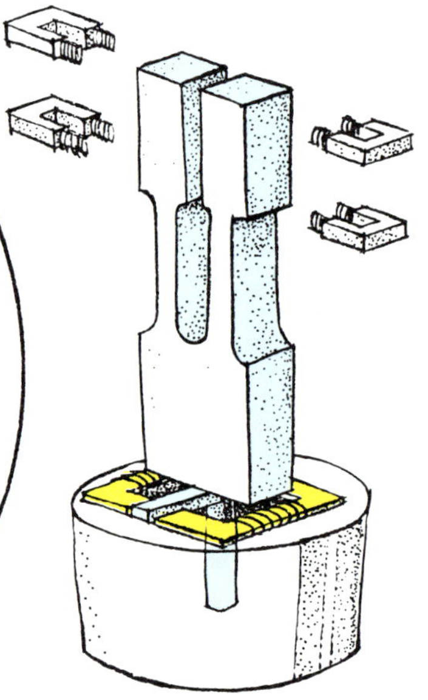

(*Linke Zeichnung*) Oberseite und Unterseite der Schwingkölbchen einer Schmeißfliege, *Calliphora erythrocephala.* Die Sinnesfelder sind auf der Zeichnung gelb hervorgehoben.

B. Kresling, nach H. Pflugstaedt, *in* Grassé, *Traité de zoologie.*

(*Rechte Zeichnung*) Der Vibrationskreiselkompaß von J. Lyman und Sperry. Die Vibrationen der beiden Stimmgabelarme werden durch Elektromagneten aufrechterhalten, die Verformungen werden am Stiel gemessen.

Nach dem Patent (1950), INPI (Patentamt), Paris.

Viel Wunderbares im Finstern

DER ÄTHERKRIEG ZWISCHEN FLEDERMÄUSEN UND NACHTFALTERN

Die insektenfressenden Fledermäuse sind mit einem dem Sonar ähnlichen Ortungssystem ausgestattet. Zur Orientierung und zur Beuteortung stoßen sie ganz hohe, im Ultraschallbereich liegende, für menschliche Ohren aber nicht wahrnehmbare Schreie aus. Aus den Echos, die sie empfangen und auswerten, können sie sich eine Vorstellung von ihrer Umgebung machen. Dank dieses Systems der Echoortung spüren sie in der Dunkelheit die Insekten, von denen sie sich ernähren, auf. Zu ihren Beutetieren gehören auch Nachtfalter, mit denen sie sich einen eigenartigen Ätherkrieg liefern.

Einige dieser Schmetterlinge besitzen ein Horchsystem, das sie vor dem Herannahen ihres Hauptfeindes warnt.

Bei den Nachtfaltern bestehen die Rezeptoren, die Ultraschall wahrnehmen können, beispielsweise aus einem Paar kleiner Tympanalorgane im hinteren Brustteil, in der Nähe der Gelenkung des hinteren Flügelpaares.

Jedes dieser Art „Ohren" besteht aus einem kleinen, luftgefüllten Hohlraum, der durch eine Membran verschlossen ist. Die Membran spielt die Rolle des Trommelfells, an dem ein Band befestigt ist, das nur zwei Nervenzellen enthält. Professor K. R. Roeder und sein Mitarbeiter Asher Treat untersuchten, wie der Schmetterling mit so einer extrem einfachen Vorrichtung seinen Feind überhaupt ausmachen kann. Sie fanden heraus, daß diese Organe für Unterschiede in der Lautstärke empfindlich sind und daß ein Vergleich der von den beiden „Ohren" empfangenen Reize es erlaubt, die Quelle als rechts oder links befindlich auszumachen, ähnlich wie bei unserem stereophonem Hören. Außerdem sind die beiden Nerven nicht gleich empfindlich. Spricht der zweite Nerv an, so heißt das, daß die Fledermaus ganz nahe ist. Schließlich stellen die Flügel, die vierzig- bis fünfzigmal in der Sekunde schlagen, zwischen den „Ohren" und der Klangquelle einen beweglichen Hörtrichter dar, der die Ortung des Feindes von vorne, oben, unten oder sogar von hinten ermöglicht.

Der Schmetterling hört die Fledermaus in einem Umkreis von dreißig Metern, während sie sich bei der Verfolgungsjagd auf wenigstens sechs Meter nähern muß, um das Insekt zu entdecken, das sich mit einer die feindlichen Ortungslaute dämpfenden Haarbedeckung wirksam getarnt hat. Dies gleicht den Nachteil der geringeren Geschwindigkeit des Schmetterlings aus. Er entkommt oft der Gefahr durch einen plötzlichen Richtungswechsel. Würde die Fledermaus nach Art der Schwalben und Mauersegler geradlinig fliegen, würden ihre schon von weitem hörbaren Schreie die Bahn vor ihr buchstäblich leerfegen, und sie würde keine Insekten erwischen. Der Zick-Zack-Flug steigert ihre Aussichten, welche zu fangen. Der taumelnde und scheinbar ungeschickte Flug von Jäger und Beute ist folglich das Resultat einer Evolution, die bei dem einen die Hungersnot, bei dem anderen die Ausrottung verhindert. Befindet sich die Fledermaus in einer Entfernung von weniger als sechs Metern, sucht der Schmetterling sein Heil im Sturz. Er klappt die Flügel zusammen und läßt sich fallen, wie das das außergewöhnliche Foto von Stephan Dalton auf den beiden nächsten Seiten zeigt. Die von links kommende Fledermaus ist in drei aufeinanderfolgenden Flugstellungen fotografiert, und zwar gleichzeitig mit dem Schmetterling, auf den sie zufliegt, und der ihr mit knapper Not entkommt. Manchmal führt der Schmetterling unvorhersehbare Loopings aus. Die Fledermaus versucht, dieses Ausbrechen im letzten Augenblick dadurch zu verhindern, daß sie ihre Flügel wie Käscher aufspannt.

Der Ätherkrieg hört hier aber noch nicht auf. Zwei englische Forscher, D. Blest* und D. Pye*, haben bei einer Familie von Schmetterlingen, den Bärenspinnern oder *Arctiidae,* eine Vorrichtung entdeckt, mit der diese selbst Ultraschalllaute aussenden können. Damit verleiten sie die Fledermäuse, sie nicht anzufliegen. Das Sendeorgan besteht aus einer Reihe paralleler Furchen in einer Ausbuchtung in der Nähe des dritten Beinpaares. Jede Reihe funktioniert nach Art der kleinen Spielzeuge aus Metallplättchen, den „Grillen", die dadurch berühmt geworden sind, daß sie von den Alliierten bei der Landung in der Normandie als Verständigungsmittel benutzt wurden. Das aufeinanderfolgende rasche Zusammenziehen und Wiedererschlaffen der Beinmuskeln verformt die Kutikula und löst so bis zu tausend Klick-Laute pro Sekunde aus, einen Ultraschall, der im Frequenzbereich der Fledermäuse liegt. Man könnte versucht sein, eine Parallele zu den militärischen Techniken der Funkmeßabwehr zu ziehen und von einer Störung des Sonars sprechen, aber wahrscheinlich handelt es sich dabei nur um einen Vergleich. Die Fledermaus läßt sich irreführen und deutet die Ultraschallsignale vermutlich als eine Warnung: es fragt sich nur, wovor?

(*Folgende Seiten*) Flug einer Großen Hufeisennase, *Rhinolophus ferrumequinum,* und eines Schmetterlings, der der Fledermaus durch eine Looping-Schleife entkommt. Mehrfachbelichtete Bilder von Stephen Dalton.

1 

J. Boudinot, Entomologie, MNHN, Paris.

2 

A. B. Klots, Dokument von Asher E. Treat vermittelt.

Bei seinen Untersuchungen hat Asher Treat* entdeckt, daß sich eine Milbe (*Arachnidae,* mikroskopisch kleines, mit Zecken nahe verwandtes Spinnentier), die als äußerer Parasit auf diesen Schmetterlingen lebt, im Tympanalorgan niederließ. In einem einzelnen „Ohr" ließen sich nahezu hundert dieser Tierchen zählen. Er stellte jedoch fest, daß sich alle, obwohl sie sich unabhängig voneinander eingefunden hatten, in demselben „Ohr" wiederfanden. Ein solches Verhalten ist für das Fortbestehen einer Art von Vorteil. Würden sie sich in beiden „Ohren" niederlassen, hätte dies eine völlige Taubheit des betroffenen Schmetterlings zur Folge, und die Parasiten würden mit großer Wahrscheinlichkeit mit dem Schmetterling ein tragisches Ende teilen.

3 

J. Boudinot.

4 

Anne und Jacques Six, Paris.

Der „Ätherkrieg" der Schmetterlinge:

1. Der Nachtfalter *Settina irrorella* besitzt am Hinterende der Brust ein Organ, das Ultraschall aussendet („Sender").

2. Im „Rezeptororgan", dem Tympanalorgan von *Pseudoletia unipunctata,* einem Schmetterling der gleichen Familie, haben sich Milben, *Myrmonyssus phalaenodectes,* angesiedelt. Die Weibchen, die man hier sieht, haben nur ein „Ohr" ihres Gastgebers besetzt . . . das andere muß die Schreie etwaiger nächtlicher Jäger hören!

3. Flügel des Schmetterlings *Caloptilia spec.* Gefranste Flügel bedingen den lautlosen Flug der Nachtfalter. Unhörbar auch für empfindliche Ohren, können die Schmetterlinge auf diese Weise unbemerkt im Jagdgebiet der Fledermäuse fliegen.

4. Die Bewimperung dient nicht bei allen Schmetterlingen notgedrungen der Geräuschdämpfung beim Flug. Die sonderbaren Flügel des Schlehenfeder-Geistchens, *Alucita pentadactyla* (Pterophoridae, Federmotten), haben wahrscheinlich einen anderen Grund.

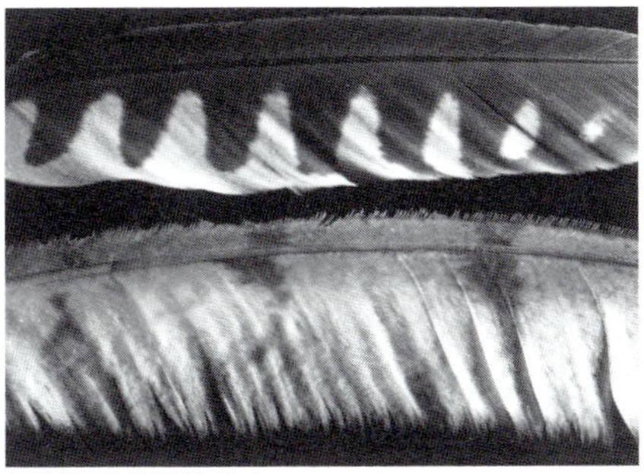

J. Potiquet, MNHN, Paris.

Die „Strategie" seitens der Jäger: Der Flug der Nachtvögel wie dieser Zwergohreule ist dank der zahlreichen Häkchen an der Vorderkante der ersten Schwungfedern lautlos. Die Feder eines Tag-Raubvogels (*oben*) hat eine glatte Vorderkante, während die gleiche Kante bei der Feder eines Nacht-Raubvogels (*unten*) wie ein richtiger Kamm aussieht. Die Vorderkanten der Federn weisen auf unserem Bild nach oben.

Carl Brenders / Hachette.

DER LAUTLOSE FLUG VON VÖGELN UND NACHTFALTERN

Auf der einen Seite füllt sie die Nacht mit dem Lärm der Ultraschall-Laute, auf der anderen Seite hat die Evolution aber auch den Vorteil entdeckt, den ein leises Auftreten mit sich bringt. Die nächtlichen Jäger orten ihre Beute oft dank der Geräusche, die ihre Bewegungen verursachen. Bestimmte Schmetterlinge, Verwandte der Motten, besitzen eine Vorrichtung, die die Fluggeräusche mindert: die Hinterkanten ihrer Flügel sind mit langen Härchen gesäumt.
Der lautlose Flug bedeutet aber auch einen Vorteil für die Jäger, die so besser ihre Beute überraschen können. Fliegt eine Taube ganz nah vorbei, so schrickt man vom Lärm ihres Fluges auf, sieht man aber eine Eule in der Nacht fliegen, scheint alles Fluggeräusch wie verschluckt, so als sei man taub geworden. Das Geheimnis ihres lautlosen Fluges liegt darin, daß die Schwungfedern der Flügelvorderkante viele Häkchen ausgebildet haben und die Federn an der Flügelhinterkante lang gefranst sind.
Dieses Prinzip fand eine Anwendung in der Technik. Während einer Periode von Hundstagen in Kalifornien arbeiteten die Techniker der NASA beim Rauschen der Ventilatoren, als einer von ihnen, vom anhaltenden Lärm ganz nervös geworden, auf die Idee kam, Reihen von Häkchen an die Vorderkante der Ventilatorblätter zu schweißen. Diese liefen nun wie durch ein Wunder geräuschlos.
Man weiß, daß andererseits auch Versuche gemacht wurden, Segelflugzeuge für militärische Zwecke mit solchen lärmdämpfenden Häkchen auszurüsten. Das ist aber auch alles, was wir sagen können, denn hierüber wird, wie das zu erwarten ist, geschwiegen!

DAS KALTLICHT DER GLÜHWÜRMCHEN

Das Weibchen der in unseren Gegenden am meisten verbreiteten Glühwürmchen, *Lampyris noctiluca,* biegt, auf einem Grashalm sitzend, seinen Hinterleib nach oben, um seine Leuchtpunkte zu zeigen. So lockt es ein Männchen an, das sich auf der Suche nach einem Partner befindet. *Photinus pyralis,* der sich auf dem Foto auf der nächsten Seite auf einem Blatt ausruht, gehört zu den Leuchtkäfern, die im Osten der Vereinigten Staaten vorkommen. Auf der gleichen Lichtung können mehrere Arten zusammen hin- und herfliegen. Die von ihnen ausgesandten Leuchtblitze führen die Sexualpartner zusammen und verhindern Kreuzungen zwischen den Arten. Sie benutzen einen Erkennungscode, der auf der Dauer und dem zeitlichen Abstand der Leuchtblitze basiert, ähnlich dem Code der Signale von Leuchttürmen an nächtlichen Küsten.
Auf spezielle Blitze des Männchens antwortet das Weibchen ebenfalls mit einem besonderen Blitz. Das Männchen, das so von ihrer Gegenwart in Kenntnis gesetzt wird, korrigiert seine Flugrichtung und trifft nach einem kurzen Austausch von Leuchtbotschaften seine Partnerin.
Erfahrene Biologen können diese Tiere dadurch anlocken, daß sie die Blitze mit Hilfe einer einfachen Taschenlampe nachahmen. Die, die das können, wie zum Beispiel Jean-Marie Bassot, beschreiben, sie hätten das Gefühl, daß sich ein echter Dialog zwischen ihnen und dem Insekt, das sich schließlich auf ihrer Hand niederläßt, entwickelt.
Jimm Lloyd hat bei anderen Leuchtkäfern, den *Photuris,* entdeckt, daß gewisse Weibchen den Code einer anderen Art nachahmen, damit deren Männchen anlocken, um sie,

wenn sie kommen, zu fressen. Er hat für sie die Bezeichnung „Femmes fatales" gewählt. Um nicht mit einer solch beunruhigenden Bemerkung zu enden, zeigen wir auf dieser Seite die Nachtaufnahme eines Baumes auf Malaysia, der durch eine Ansammlung von Leuchtkäfern der Gattung *Pterotyx,* die alle zur gleichen Zeit blinken, wie ein Weihnachtsbaum aufleuchtet.

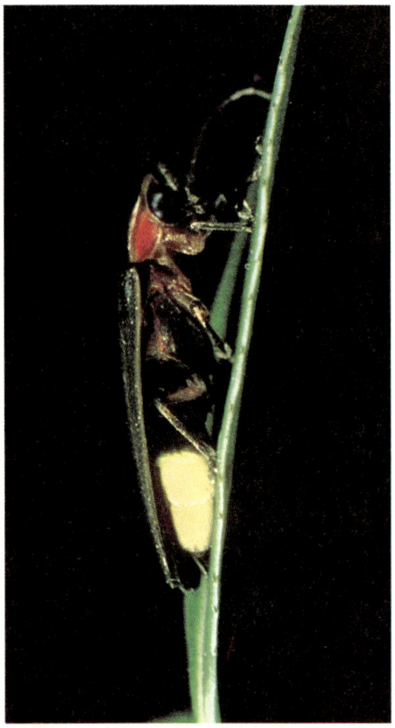

J.-M. Bassot, Laboratorium für Biolumineszens, Brunoy

Leuchtkäfer aus dem Osten der Vereinigten Staaten, *Photinus pyralis,* und Baum auf Malaysia, der durch gleichzeitig blinkende Leuchtkäfer der Gattung *Pterotyx* festlich erleuchtet wird.

DER WÄRMESINN DER KLAPPERSCHLANGE

Die Brillenschlange und andere Klapperschlangen können ihre Beute in tiefster Dunkelheit aufspüren. Verklebt man einer Schlange die Augen mit undurchsichtigem Heftpflaster und hemmt ihren Geruchssinn durch eine entsprechende Injektion, schlägt sie mit einer erstaunlichen Genauigkeit die Maus, die man in ihren Käfig gesetzt hat. Verstopft man aber die beiden kleinen Vertiefungen zwischen den Augen und den Nasenlöchern, scheint sie völlig blind zu werden. Die kleinen Nager können sich nun ohne die geringste Gefahr in ihrer Nähe aufhalten. Jede dieser Grübchen hat am Boden eine Öffnung zu einem Kanal, der sich seinerseits zu einem Hohlraum hin öffnet, dessen Wand eine dünne, parabelartige Membran darstellt. Hinter dieser befindet sich ein anderer Raum, der über einen engen Kanal mit der Außenseite in Verbindung steht. In dieser gekrümmten Trennwand erkennt man sensorische Nervenzellen, die den Wärmesensoren in der menschlichen Haut vergleichbar sind. Aber sie stehen hier unglaublich dicht, und infolgedessen kann das Tier Temperaturunterschiede von einem tausendstel Grad wahrnehmen. Ihre Autoscheinwerfern vergleichbare Anordnung und ihre Geometrie ermöglicht ihm andererseits eine räumliche Wahrnehmung, d. h. es sieht gewissermaßen das Relief der Wärmequelle aufgrund ihrer infraroten Strahlung.
Seit Ende des Zweiten Weltkrieges besitzen Scharfschützen Zielgeräte, die im Infrarotbereich empfindlich sind. Diese Systeme gibt es heute auch in Form von Alarmanlagen zum Schutz der Wohnungen gegen Einbrecher.

Polumine, Laboratorium für Biolumineszenz, Brunoy.

Zentralbibliothek, MNHN, Paris.

Klapperschlange aus Guyana, *Crotalus durissus,* und Detail ihres Kopfes. Tafel Nr. 32 in G. Cuvier, *Le Règne animal* (Das Tierreich) (1836—1849).

DIE ELEKTRISCHEN FISCHE DES IVINDO

In den Wäldern am Äquator ist das Wasser der Flüsse durch das Tanin der Blätter stark braun gefärbt. Im Herzen des Waldes von Gabun erinnert das dunkle Wasser des Ivindo an Coca-Cola. Das Wasser ist so undurchsichtig, daß man nicht einmal mehr seine Füße sehen kann, wenn man bis zu den Knöcheln darin steht. Man erhält so eine gute Vorstellung, wie dunkel es in diesem Wasser ist. Und dennoch herrscht dort nach Sonnenuntergang eine rege Aktivität, die dem Menschen völlig entgehen würde, wenn er sie nicht mit Hilfe von technischen Kunstgriffen hörbar machen würde. Taucht man zwei Leitungsdrähte ins Wasser und schließt sie an einen Verstärker an, dann gibt ein Lautsprecher ein verworrenes Knistern wieder. Diese elektrischen Entladungen stammen von einem erstaunlichen Fisch aus der Familie der Eigentlichen Nilhechte oder *Mormyridae.*

Alle Lebewesen besitzen die Fähigkeit, Elektrizität zu erzeugen. Jeder von uns kennt die Aufzeichnung eines Elektroenzephalogramms oder eines Elektrokardiogramms. Aber die Spannung des elektrischen Feldes unseres Gehirns oder unseres Herzens ist 1000- bis 300 000mal schwächer als die, die die elektrischen Fische erzeugen.

Sie besitzen regelrechte Primärbatterien aus scheibenförmigen, in Serie geschalteten Elementen, den Elektroplatten. Nervenenden sorgen dafür, daß diese gleichzeitig entladen werden, wodurch sich ihre Stärke aufsummiert.

Wenn es auch sofort einleuchtet, daß es für die Zitterrochen von Vorteil ist, starke Entladungen in der Größenordnung von zweihundert Volt erzeugen zu können, um dadurch einen Angreifer abzuwehren oder eine Beute zu betäuben, fragt man sich doch, welchen Nutzen die Nilhechte von ihren schwachen Entladungen von einigen Volt haben. Die Arbeiten von Professor H. W. Lissmann* geben uns darauf eine Antwort: sie benutzen diese, um ihre Umgebung abzutasten, was man als *Elektroortung* bezeichnet, und außerdem dazu, Informationen untereinander auszutauschen, was

Y. Coineau.

Wasserfall des Ivindo, Gabun.

Elektrischer Fisch, *Petrocephalus spec.*

A. Heymer, MNHN, Brunoy.

W. Harder, Tübingen.

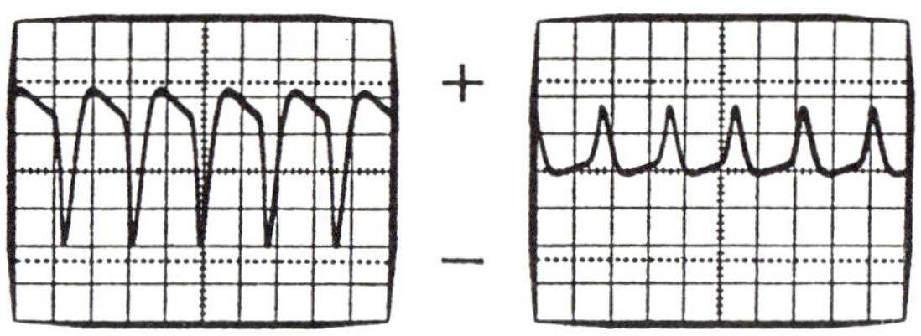

A. Florion, Tropisches Aquarium von Nancy.

Der elektrische Fisch, *Gymnarchus niloticus,* sendet seine Impulse mit einer solchen Regelmäßigkeit aus, daß sie im Tropischen Aquarium von Nancy für den von A. Florion erfundenen „Biochronometer" benutzt werden. (*Links*) Registrierung der elektrischen Signale. (*Unten*) Schematische Darstellung des elektrischen Feldes um einen elektrischen Fisch.

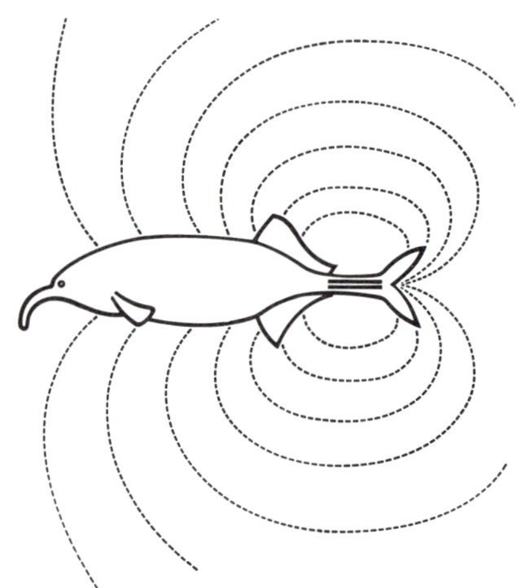

man als *Elektrokommunikation* bezeichnet. Der elektrische Generator der Eigentlichen Nilhechte besteht aus vier Batterien von Elektroplatten, die hintereinander und parallel zur Wirbelsäule angeordnet sind. Die elektrischen Entladungen werden vom Nervensystem gesteuert.

Jede Entladung läßt um das Tier herum ein pulsierendes elektrisches Feld entstehen. Das Feld, das auf diese Weise durch jeden Stromstoß aufgebaut wird, wird mit Hilfe von Elektrorezeptoren, die überall auf der Haut sitzen und die die sensorischen Meldungen dem Analysezentrum im Gehirn übermitteln, ausgewertet. Normalerweise erhält ein Elektrorezeptor eine konstante Information über das elektrische Feld. Kommt das Tier nun an einem Objekt vorbei, wird diese Information verändert, der Rezeptor nimmt diese Veränderung wahr. Das Tier kann sich mit Hilfe aller von den Elektrorezeptoren gesammelten Informationen sozusagen ein elektrisches Bild seiner Umgebung machen. Wie Experimente gezeigt haben, können diese Fische erstaunliche Leistungen vollbringen. So kann beispielsweise der Großnilhecht, *Gymnarchus,* ein naher Verwandter der Nilhechte, dünne Glasstäbe von vier beziehungsweise sechs Millimeter Durchmesser, die in einem Porzellanrohr versteckt sind, voneinander unterscheiden!

Wird ein Fisch experimentell gereizt, beschleunigt er seinen Rhythmus und hält ihn auf diesem erhöhten Niveau. Erst nach Ende des Versuchs kehrt er zu seinem Ruherhythmus zurück. Diese regelmäßigen Impulse werden für eine originelle Uhr, den *Biochronometer* im Tropischen Aquarium in Nancy, genutzt. Die elektrischen Fische gebrauchen diese Art der Verständigung, ähnlich wie die Vögel ihren Gesang, zum Treffen der Sexualpartner, zur Verteidigung des Territoriums oder zu allen anderen Arten von sozialen Beziehungen. Die sozialen Mitteilungen werden von einer ganz anderen Art von Elektrorezeptoren, die ebenfalls in der Haut sitzen, ausgewertet. Diese Rezeptoren übermitteln Informationen über Form und Rhythmus der Entladungen. So besitzt jede der im Ivindo nebeneinander lebenden dreiundzwanzig Nilhechtarten eine ihr eigene elektrische Ausdrucksweise, wodurch sie in diesem elektrischen Klangdurcheinander die Äußerungen ihrer Artgenossen identifizieren und die für sie bestimmten Mitteilungen wiedererkennen können.

Der elektrische Sinn ist ohne Zweifel für uns der sonderbarste, weil er keinen unserer Wahrnehmungen entspricht. Die Techniker haben bis jetzt auch noch kein System entwickelt, das auf diesem Prinzip beruht.

Viel Wunderbares bei genauerem Hinsehen

MIT DEN AUGEN VON GLIEDERFÜSSERN

Um eine Vorstellung von dem Reichtum der natürlichen Systeme, die der Technik bereits als Vorbild dienen oder in Zukunft dienen könnten, zu geben, haben wir die bionischen Modelle zusammengetragen, die uns Augen von Gliederfüßern (Arthropoden) liefern. Die Liste ist sicherlich sehr unvollständig, denn sie ist ein eher zufälliges Ergebnis unserer Lektüre.

■ Das Flußkrebsauge

Da Röntgenstrahlen von Glas absorbiert werden, kann man sie nicht mit Hilfe von Linsen bündeln, um eine Abbildung zu erhalten. Es gelingt aber dann, wenn man sie bei geringem Einfallwinkel (weniger als zwei Grad) an metallischen Oberflächen reflektiert.
Das „Observatorium Einstein", das im November 1978 auf seine Umlaufbahn um die Erde gebracht wurde, ist mit einem nach diesem Prinzip gebautem Röntgenstrahlen-Teleskop ausgestattet. Sein ausgezeichnetes Auflösungsvermögen liegt in der Größenordnung von einem tausendstel Grad. Sein Beobachtungsfeld ist dagegen nur ein winziger Ausschnitt, und man muß das gewünschte Feld durch Rastern erfassen. Professor Klaus Vogt* entdeckte ein erstaunliches optisches System bei den Augen von Krebsen (Crustaceen), welches einen unerwarteten Beitrag zur Astronomie leisten sollte.
Die Komplexaugen der Krebse erinnern in groben Zügen an die anderer Gliederfüßer (Arthropoden), wie zum Beispiel

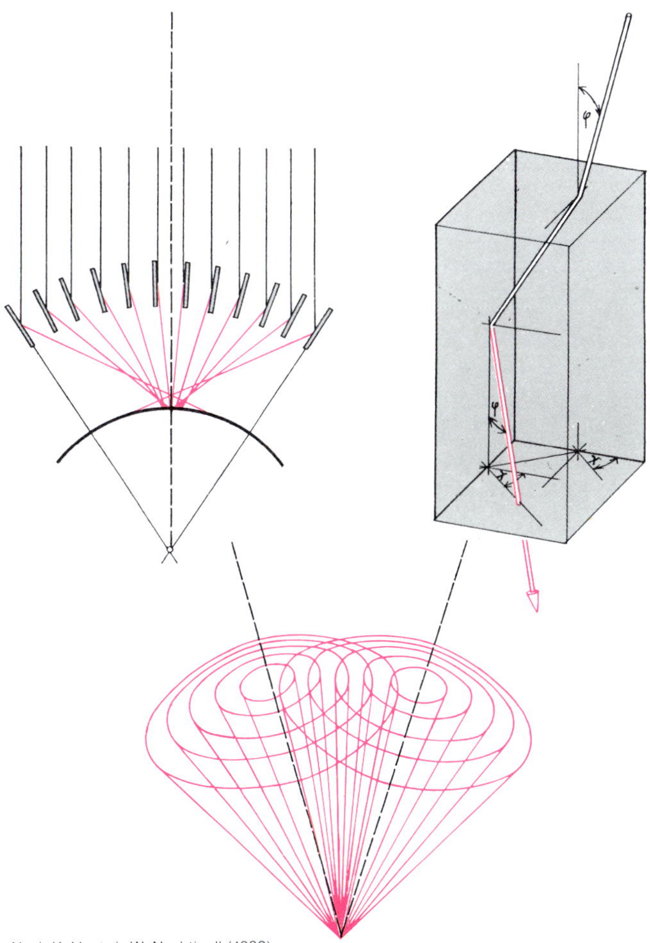

Nach K. Vogt, *in* W. Nachtigall (1982).

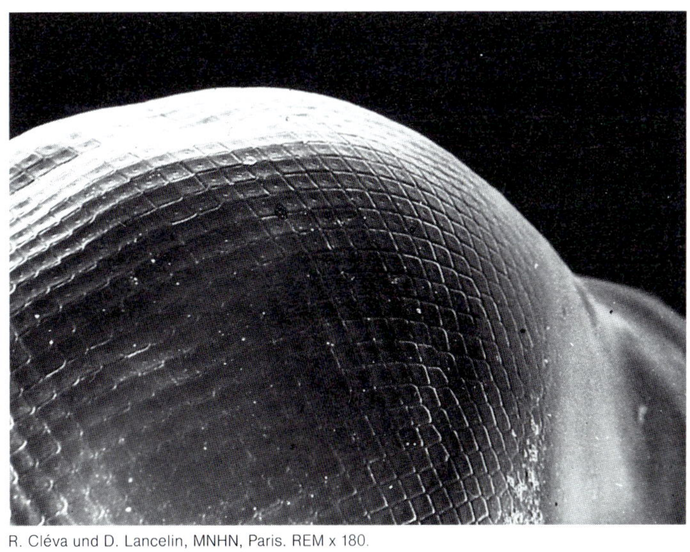

R. Cléva und D. Lancelin, MNHN, Paris. REM x 180.

Das Sehen des amerikanischen Krebses *Orconectes* unterscheidet sich von dem der Insekten. Die Facetten des Auges sind rechtwinklig angeordnet. Das Prinzip der Reflexion der Lichtstrahlen in den Augenfacetten dieses Krebses wurde von K. Vogt (1975—1979) beschrieben und von dem Astronomen J. L. G. Angel (1979) für ein Röntgenstrahlen-Teleskop eines Weltraum-Observatoriums vorgeschlagen.

REM x 670.

die der Kerbtiere (Insekten). Sie sind mehr oder weniger kugelig, beziehungsweise halbkugelig und bestehen aus konischen optischen Grundelementen, den *Ommatidien.* Die Ommatidien der Insekten sind ebenfalls kleine Einzelaugen, die durch Pigmentzellen gegeneinander abgegrenzt sind. Die Ommatidien besitzen eine sechseckige Hornhaut, die an der Oberfläche des Auges jeweils eine entsprechende Facette ausbildet. Der amerikanische Krebs *Orconectes* besitzt dagegen eine quadratische Hornhaut. Seine Ommatidien sind durch regelrechte Spiegel voneinander getrennt, die aus verschiedenen (drei bis vier) Schichten von Kristallen bestehen und die parallel zu den Längsseiten der pyramidenförmigen „Linse" angeordnet sind. Die Ommatidien sind nur gegen die Oberfläche des Komplexauges hin durch diese Spiegel voneinander getrennt, im Innern, oberhalb der „Netzhaut", bleiben sie auf etwa vier Fünftel ihrer Länge frei.

Wir werden hier nicht im einzelnen die Funktionsweise dieses neuen optischen, rechteckigen Systems darlegen. Den auf genauere Angaben erpichten Leser verweisen wir auf die Veröffentlichungen von Vogt und geben ihm einen Vorgeschmack durch einige schematische Abbildungen, die von W. Nachtigall* zusammengestellt wurden. Vereinfacht ausgedrückt funktioniert das System des Krebsauges so, daß die parallelen Lichtstrahlen in einem Punkt konvergieren, wodurch die Helligkeit erhöht wird. Diese Vorrichtung funktioniert auf der gesamten Oberfläche des Komplexauges, das sich zu einem Winkel von mehr als 180 Grad öffnet.

Der Astronom J. L. G. Angel* vom Steward Observatorium in Tucson (USA) hat dieses Konstruktionsprinzip für ein Röntgenstrahlen-Teleskop verwendet, das einen großen Winkel mit einer erhöhten Helligkeit und einem größeren Auflösungsvermögen vereint.

Das Auge des Limulus

Der *Limulus* (Pfeilschwanz) ist ein großer, im Meer lebender Gliederfüßer aus dem Unterstamm der Cheliceraten (Scherenfüßer), in den auch beispielsweise die Spinnen und Skorpione gehören.

Die Pfeilschwänze (drei Gattungen, fünf Arten) sind die einzigen noch lebenden Vertreter der Xiphosuriden (Pfeilschwanzkrebse).

Der Atlantische Pfeilschwanz, *Limulus polyphemus,* lebt an den amerikanischen Küsten von Neuschottland bis Yucatán.

H. K. Hortline (Rockefeller Institut) hat aufgrund seiner Untersuchungen über das Sehvermögen des Limulus ein elektronisches Modell vorgeschlagen, das die Bilder des Fernsehens und der Radarsysteme verbessert.

Die Facettenaugen der Insekten

Die Komplexaugen der Insekten, wie zum Beispiel der Bienen und Fliegen, bestehen aus einer großen Zahl kleiner, konischer Elementaraugen, den Ommatidien, die an der Oberfläche ebenso viele sechseckige Facetten bilden. Das Komplexauge ist halbkugelförmig und deckt ein Gesichtsfeld von mehr als 180 Grad ab.

William Feinbloom, Facharzt für Augenheilkunde in New York, hat nach diesem System für besondere Fälle schwachen Sehvermögens Brillen mit mehrfachen Linsen entwickelt. Die Brille hat auf jeder Seite ein herkömmliches Glas. Darüber sind drei, fächerartig wie Ommatidien orientierte, kleine Linsen gleicher Größe montiert. Ihre Besonderheit besteht darin, daß die drei optischen Achsen auf der Netzhaut konvergieren. Das Gesichtsfeld beträgt in allen Fällen 20 Grad. Aufgrund der Überlagerung der Strahlen, die auf ihrem Weg durch ein wenig lichtdurchlässiges Milieu verschiedene Bahnen beschreiben, kann die Netzhaut ein ausreichend klares Bild entwerfen.

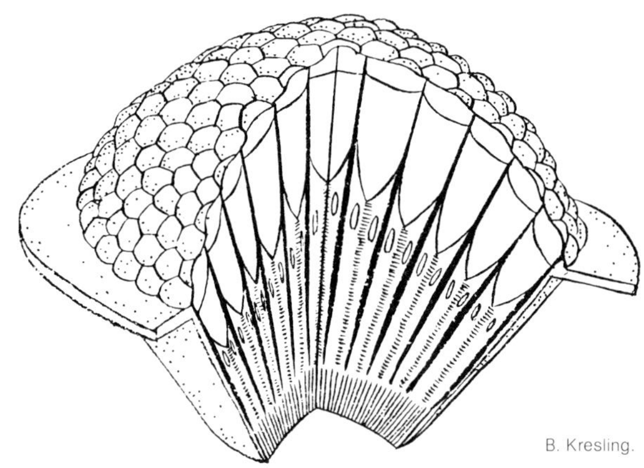

Blockdiagramm eines Facettenauges (Ommatidien) eines Insekts.

Der Abdriftkompensator der Bienenaugen

Wie man weiß, kann die Biene sich mit Hilfe der Sonne orientieren und so ihre Flugrichtung zur Nahrungsquelle hin oder zurück zum Bienenstock bestimmen.

Deutsche Biologen haben sich gefragt, wie sie diesen Kurs korrigieren kann, wenn sie aufgrund eines Seitenwindes davon abkommt.

Sie haben die folgende Hypothese aufgestellt: Die Biene sieht im Flug unter sich die Motive der Landschaft durch das Raster, das die Ommatidien ihrer Komplexaugen bilden, vorbeiziehen. Diese Motive verschieben sich regelmäßig von einer Ommatidienreihe zur nächsten, parallel zur Symmetrieachse des Tieres. Wenn die Biene durch eine Böe seitlich vom Kurs abkommt, ziehen die Bilder der Landschaftsmotive schräg zur Symmetrieachse des Tieres vorbei. Die Abfolge der Bilder betrifft nun nicht mehr die gleichen Ommatidien. Die Biene korrigiert den Kurs.

Ingenieure haben eine auf diesem Prinzip beruhende Vorrichtung erfunden, und zwar ein elektronisches System, das mit einer Kamera gekoppelt ist und den Ablauf der Landschaftsbilder auf einem Raster kontrolliert. Weicht ein Flugzeug von dem beim Abflug festgelegten Kurs ab, ertönt ein akustisches Signal, woraufhin der Pilot seine Flugrichtung korrigiert.

Dieses System wurde mit Erfolg in einem kleinen Passagierflugzeug erprobt. Es könnte bei Tiefflügen über Gebiete ohne besondere Orientierungspunkte, wie zum Beispiel die ausgedehnten Wälder Amerikas, von Nutzen sein.

H.-E. Koralewski, P. Bienert und I. Rechenberg, Berlin.

Kleines Sportflugzeug, das mit einem die Abdrift anzeigenden Gerät ausgestattet ist, welches nach dem hypothetischen Funktionsmodell des Bienenauges als Abdriftkompensator gebaut wurde.

Die Augen von Nachtfaltern

Lange Zeit haben die an der Glasoberfläche auftretenden Störspiegelungen die Verwendung von einer großen Zahl von Linsen in einem optischen Gerät verhindert.
Seit zwanzig Jahren etwa versteht man jedoch, solche Spiegelungen dadurch wirksam zu verhindern, daß man die Linsen mit einer Substanz mit entsprechendem Brechungsindex überzieht, und zwar in einer oder mehreren feinen Schichten von ganz bestimmter Dicke (im Bereich von Mikromillimetern). Passionierte Fotografen kennen gut den Ausdruck „Mehrfach-Beschichtung", den man bei fast allen modernen Objektiven antrifft.
Die Einzelaugen (Ommatidien) von Nachtfaltern weisen ein originelles Modell spiegelungsfreier Beschichtung auf. Als man sie mit Hilfe des Rasterelektronenmikroskopes untersuchte, sah man auf ihrer Oberfläche ein feines, ganz regelmäßiges Muster von kleinen, etwa 0,2 Mikromillimeter hohen und breiten Erhebungen.
Man hat die Hypothese aufgestellt, daß diese Erhebungen durch eine regelmäßige Abänderung des Brechungsindexes dieselbe Funktion wie eine spiegelungsfreie Schicht habe. Diese Deutung wurde noch durch Messungen an einem vergrößerten Modell, an dem man Untersuchungen mit Radiowellen durchführte, bekräftigt. Daraufhin stellten zwei Physiker des National Physical Laboratory (England) ein mikroskopisch kleines Muster im Original-Maßstab her, und zwar mit einer fotografischen Methode, wobei nacheinander von zwei Seiten aus gebündelte Lichtstrahlen Interferenzbänder erzeugten. Das nach dem Wegätzen zurückbleibende Relief auf der lichtempfindlichen Platte (wie beim Druck) gleicht dem Muster der „Einzellinsen" des Nachtfalters. Dieses künstliche spiegelungsfreie Muster hat sich als genauso wirksam erwiesen wie die besten Beschichtungen von Linsen, die man damals herstellen konnte (1973).

Das Auge des Käfers *Chlorophanus viridis*

Die von Werner Reichardt am Tübinger Max-Planck-Institut geleitete Forschungsgruppe hat untersucht, wie der Käfer *Chlorophanus viridis* auf sich bewegende Lichtreize reagiert. Zwei benachbarte Einzelaugen der Facettenaugen zeichnen aufgrund ihrer in einem Winkel zueinander angeordneten Sehachsen die Signale des sich bewegenden Lichtpunktes mit leichter zeitlicher Verschiebung auf. Die Art und Weise, wie die Reize aufeinander folgen, gibt ihm daher über die Winkelgeschwindigkeit Auskunft. Nach diesem Prinzip wurde ein neuartiger Geschwindigkeitsmesser für Flugzeuge gebaut*.

Die Sinnesorgane von Nachtfaltern, wie beispielsweise die Antennen oder die Facettenaugen, sind äußerst interessante Forschungsobjekte. So vermutet man, daß die Augen von bestimmten Nachtfaltern, ganz ähnlich wie moderne Fotolinsen, eine Art „spiegelungsfreie Beschichtung" haben.

Makroaufnahme einer unserer schönsten Nachtfalter, *Attacus atlas*: H. Chaumeton / Jacana.

Y. Coineau.

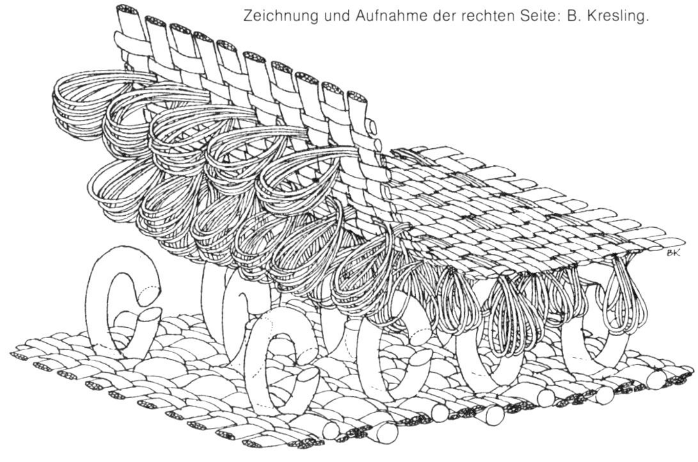

Zeichnung und Aufnahme der rechten Seite: B. Kresling.

Früchte der Klette, *Arctium lappa,* im Sommer (*rechte Seite*) und dann im Herbst (*Ausschnitt links oben*). Der Klettverschluß wurde nach dem Vorbild des Anheftmechanismus der Fruchtstände der Klette entwickelt. Das eine Band trägt dicke Schlingen, die durchgetrennt wurden und so als Haken fungieren, das andere Band, analog zum Tierfell, eine Vielzahl von feinen Schlingen, in denen sich die Haken verfangen können.

DIE HÄKCHEN DER KLETTE

Immer wenn er von seinen Jagdausflügen aus den Schweizer Bergen zurückkam, fand Georges de Mestral die kugeligen Fruchtstände von Kletten, die sich in seiner Kleidung und im Fell seines Hundes verfangen hatten. Es handelt sich hier um eines der Beispiele von den vielfältigen Mechanismen, dank derer die von Natur aus an einen Standort gebundenen Pflanzen ihre Samen verbreiten und neue Lebensräume erobern können. Mit der für Erfinder typischen Neugierde begnügte sich de Mestral aber nicht damit, die Kletten einfach abzustreifen. Er legte sie unters Mikroskop, um herauszufinden, woran es lag, daß sie sich so erstaunlich gut anhefteten. Er entdeckte dabei, daß die vielen Stacheln dieser igelartigen Kugeln in kleinen Haken enden, die ebensoviele Möglichkeiten des Anheftens darstellen. Werner Nachtigall bezeichnet dieses System als statistisch und rein zufällig. Beim geringsten Kontakt werden zufallsmäßig ausreichend viele Haken funktionell und sichern, sozusagen mit vereinten Kräften, den Transport. Wird die Klettfrucht aber irgendwo mit Gewalt abgestreift, biegen sich die elastischen Haken auf und lassen, ohne beschädigt zu werden, los. Die Klettfrucht fällt herunter. Und da ihr Haftmechanismus noch intakt ist, ist sie zu einer weiteren Reiseetappe parat.

Georges de Mestral verstand sofort, daß es von großem Interesse sein könnte, ein mit einer Vielzahl von Haken versehenes Band herzustellen, das sich ohne genaues Übereinanderlegen nach Belieben an ein anderes Band, das feine Schlingen trägt, anhaken und auch wieder von ihm lösen ließe. Die Entwicklung bis zur industriellen Fabrikation aber war äußerst schwierig und langwierig (acht Jahre).

Der Klettverschluß hatte, wie man weiß, einen großen kommerziellen Erfolg und verdrängte in vielen Fällen die Reißverschlüsse . . . von denen sich übrigens auch Beispiele in der Natur finden lassen.

Jean-Pierre Gasc, der im Laboratorium für Vergleichende Anatomie am Naturhistorischen Museum in Paris arbeitet, war über die Sicherheit erstaunt, mit der sich ein winziger Gecko* aus Guyana bewegt.

Der *Coleodactylus amazonicus (Gekkonidae, Sphaerodactylinae),* ein kleiner im Bodenlaub der Wälder von Guyana lebender Gecko, kann seine Krallen in einer Art Etui unterbringen. Wenn er läuft, rollt er seine Fußflächen wie die Kufen eines Schaukelstuhls ab. Untersucht man die Unterseite seiner Zehen unter dem Mikroskop, kann man sehen, daß sie von einem Teppich aus winzigen Büschelchen überzogen sind. Diese entsprechen dem mit Haken versehenen Band des Klettverschlusses. Das Gegenband mit Schlingen wird jedoch nicht von ihm, sondern von der filzigen Unterseite der verwelkten, zu Boden gefallenen Blätter geliefert, deren Netzwerk genau dieselben Abmessungen wie die Büschelchen unter den Zehen des Geckos haben. Diese sind je nach ihrer Lage an den Vorder- und Hinterbeinen verschieden gestaltet, so daß sie sich während der ganzen Abrollbewegung wirksam anheften können.

Detail der Büschelchen auf der Unterseite der Zehen eines kleinen Gekkos aus Guyana, *Coleodactylus amazonicus,* und im selben Maßstab ein Ausschnitt der Oberfläche eines Blattes aus dem Urwald, in dem er lebt.

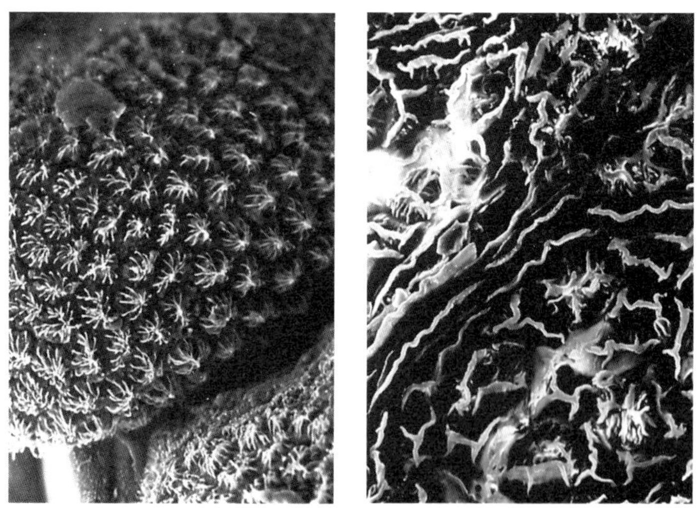

J.-P. Gasc, S. Renous, J. Menier, MNHN, Paris.

Die Strategie der Evolution

Alle Beispiele, die wir in diesem Buch zur Verdeutlichung bionischen Vorgehens brachten, zeigten entweder, wie die Prinzipien zuvor analysierter natürlicher Systeme in die Technik übertragen werden, oder wie technische Systeme verbessert werden und erst im Nachhinein entdeckt wird, daß sie Analogien zu biologischen Systemen aufweisen.

Sechsteilige Gelenkplatte im Luftstrom eines Windkanals. Diese Versuchsvorrichtung wurde von I. Rechenberg entwickelt, um die Wirksamkeit eines Verfahrens zu testen, das er *Evolutionsstrategie* nennt. Dieses Verfahren führt den Zufall ein, um die Bedingungen zu variieren (in diesem Fall: die veränderlichen Kombinationen der Winkel, die die Platten miteinander bilden). Es zeigte sich, daß eine fast flache, zum Luftstrom parallele Platte den geringsten Widerstand brachte. Da diese Lösung von vornherein bekannt war, wurde hiermit die Wirksamkeit des Verfahrens bestätigt.

Ingo Rechenberg war der Ansicht, daß bionisches Vorgehen über simples Kopieren dadurch hinausgehen könnte, daß man die „Arbeitsmethoden" der Natur übernimmt.
Die Theorien über die natürliche Evolution versuchen, die Mechanismen aufzudecken, die dazu führen, daß sich die Organismen an die Umweltsbedingungen anpassen. Rechenberg schlägt vor, die Prinzipien biologischer Evolution zur Optimierung technischer Systeme anzuwenden*.
Zuvor stellt Rechenberg ganz schematisch die biologische Evolution als einen zweistufigen Prozeß dar:
- die Erzeugung zufälliger Variationen, den *Mutationen;*
- die Aussonderung der unvorteilhaften Varianten durch die natürliche Auslese, die *Selektion.*
Nähme man zum Beispiel ein Flügelprofil, dessen aerodyna-

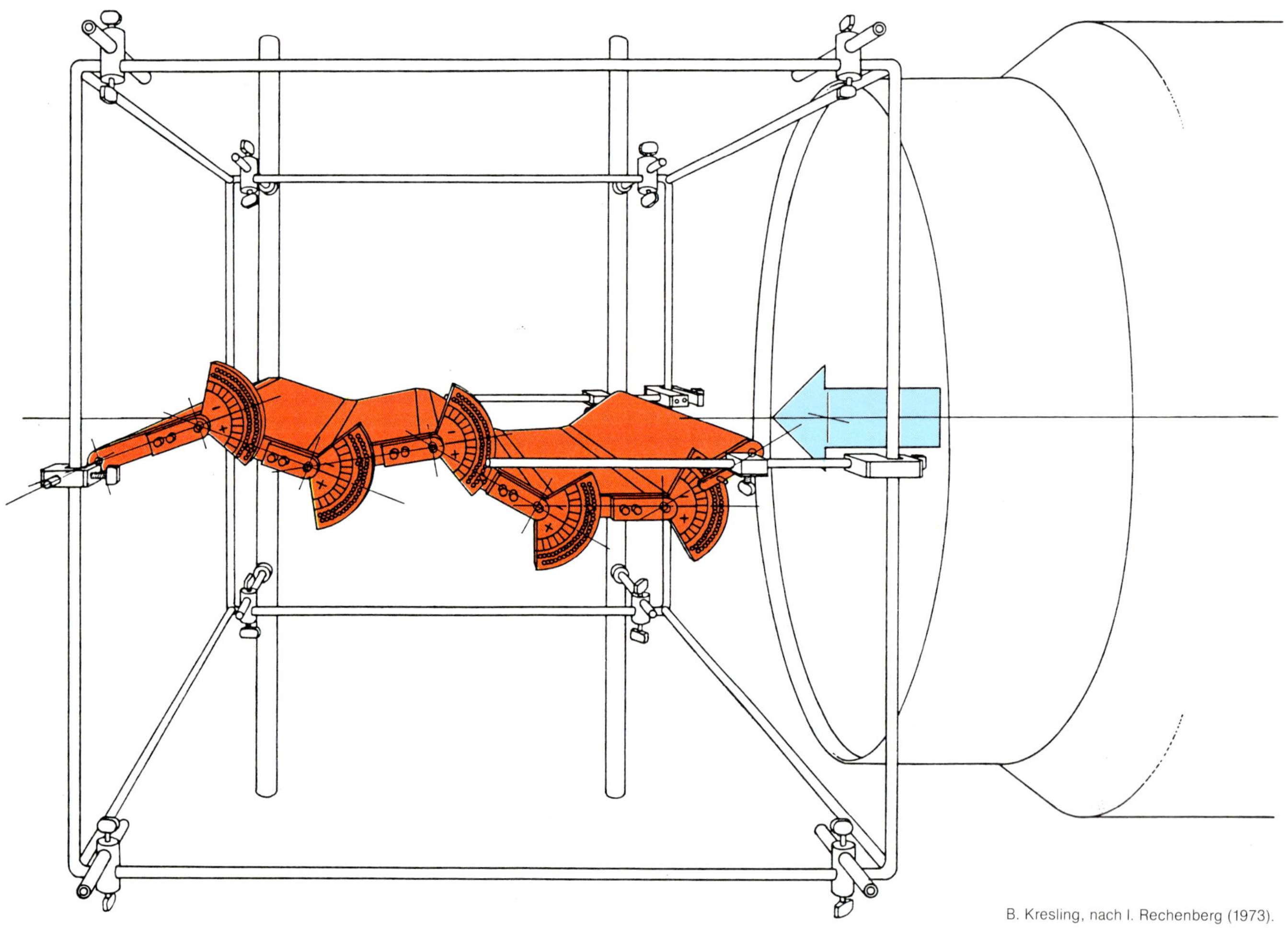

B. Kresling, nach I. Rechenberg (1973).

mischen Auftrieb man verbessern will, so ließen sich folgende Parallelen ziehen:
- Gen-Schaltstelllungen = Profilkoordinaten;
- Phänotypus = Windkanalmodell;
- Umwelt = Luftströmung;
- Vitalität = Auftrieb.

Um die Wirksamkeit dieses Verfahrens zu überprüfen, hat Rechenberg folgendes Experiment durchgeführt. Er hat sechs längliche Platten an ihren Längskanten gelenkig miteinander verbunden und jedes Gelenk so mit einer Winkelgradeinstellung versehen, daß man die Winkel zu den Nachbarplatten beliebig verstellen kann. Diese Gelenkplatte wird so in den Luftstrom vor einen Windkanal gestellt, daß die Luft die gesamte Gelenkplatte wie ein Flügelprofil umstreichen kann. Zu Beginn des Experiments wird die Platte in eine Zickzackstellung gebracht.

Das Experiment besteht nun darin, mit dieser Gelenkplatte diejenige Profilform zu erhalten, die am wenigsten Widerstand erzeugt. In Wirklichkeit kennt man bereits die Lösung für dieses Problem: den geringsten Widerstand erzeugen die im Luftstrom parallel und ganz flach angeordneten Platten. Die Mutationen, das heißt, die Veränderungen der Winkel zwischen den Platten, werden auf zufällige Weise bestimmt. Die neugewonnene Form wird nur dann beibehalten, wenn sie auch eine Verminderung des Widerstandes mit sich bringt, sonst geht man wieder auf die vorhergehende Stufe zurück.

Das Endresultat war eine beinahe flache Gelenkplatte, die nach 320 Experimentierschritten erreicht wurde.

Ein weiterer Versuch nach dem Prinzip von Mutation und Selektion wurde von H. P. Schwefel vorgeschlagen, um die beste Form einer zweiphasigen Überschalldüse zu finden. Es handelt sich um ein wichtiges Teil eines Kleinkraftwerks einer Raumfähre.

In dieser Düse wird heißes flüssiges Kalium beschleunigt. Diese Beschleunigung geht dadurch vor sich, daß sich der Düsenquerschnitt verengt und dann wieder erweitert, wodurch der Druck so abnimmt, daß die Flüssigkeit gasförmig wird. Der sich ausdehnende Dampf stößt das übrige flüssige Metall aus.

Es ist derzeit unmöglich, durch eine mathematische Methode die Form der Düse zu bestimmen, da durch das gleichzeitige Vorhandensein flüssiger und gasförmiger Substanzen sehr komplizierte Strömungsvorgänge ablaufen.

H. P. Schwefel hat eine Reihe von zylinderförmigen Segmenten aus Metall hergestellt, die eine kegelförmige und im Durchmesser variierende Durchbohrung des Kerns aufweisen, und die sich auseinandersetzen lassen.

Zu Beginn des Experiments hatte die aus vielen Segmenten zusammengesetzte Düse die Form einer sogenannten klassi-

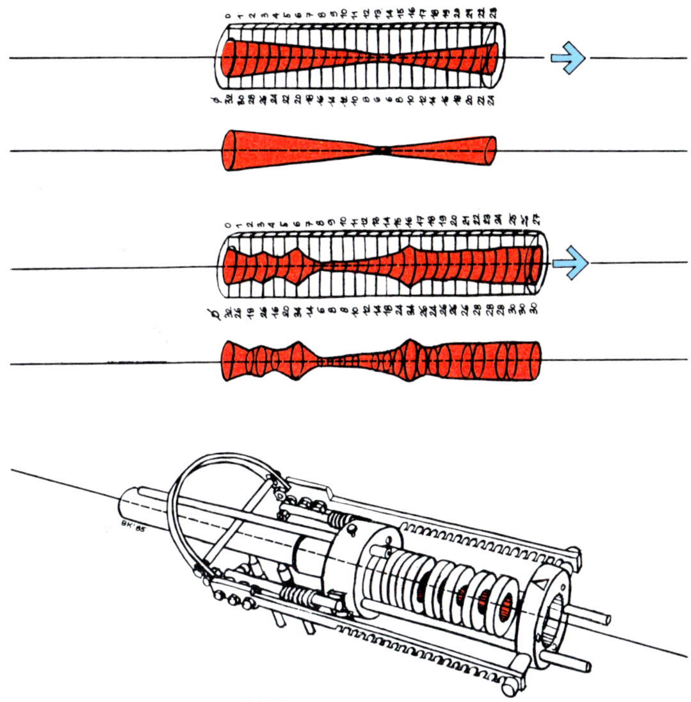

B. Kresling, nach I. Rechenberg (1973).

Optimierung der Form einer Überschalldüse mit dem Verfahren der *Evolutionsstrategie.* Eine experimentelle Vorrichtung erlaubt es, mit Hilfe von austauschbaren Segmenten die inneren Profilkonturen der Düse zu variieren. Der Wirkungsgrad der „vorgeschlagenen" Form (Profil unten) ist um 25 % höher als der Wirkungsgrad der klassischen Form einer *Laval-Düse* (Profil oben).

schen *Laval-Düse,* wie man sie durch Berechnung erhält.

Die zum Experiment benutzte Flüssigkeit war Wasser. Das Ziel war, diejenige Form zu finden, bei der die zweiphasige Wasser-Dampfströmung den maximalen spezifischen Schub leistete.

Die Formänderungen der Düse geschahen auf zweierlei Weisen:
- der innere Durchmesser wurde an zufällig gewählten Orten verändert, was den Austausch der beiden jeweiligen Nachbarsegmente mit sich zog, so daß keine Sprünge in den Konturen des Längsprofiles entstanden;
- die Zahl der Segmente wurde durch Hinzufügen oder Wegnehmen derselben verändert, an Stellen, die ebenfalls durch Zufall bestimmt wurden.

Die mit Hilfe dieser Experimente gefundene Bestform ist für die Techniker völlig überraschend, und ihr Wirkungsgrad ist etwa 80 %, wogegen er zu Beginn bei 55 % lag.

Dieses Beispiel zeigt, daß das Prinzip der Evolutionsstrategie Verbesserungen von Systemem bringen kann, für die noch keine Theorie entwickelt werden konnte.

ZUM SCHLUSS NOCHMALS: WAS IST BIONIK?

In mehreren Ländern wird ganz offiziell bionische Forschung betrieben, namentlich in den Vereinigten Staaten, in der Sowjetunion, in England und in Deutschland. So gibt es beispielsweise ein Institut für Bionik in Berlin. In Frankreich ist diese Wissenschaftsdisziplin nur wenig bekannt. Das kommt vermutlich daher, daß Grundlagenforschung und angewandte Wissenschaften allzuoft an rein verwaltungstechnischen Grenzen zwischen den Disziplinen stoßen. Einige französische Wissenschaftler haben sich jedoch auch auf dem Gebiet der Bionik hervorgetan.
Professor R. G. Busnel, der besonders über das Sonarsystem bei Delphinen gearbeitet hat, hat 1966 in Italien den zweiten Kongreß zu diesem Thema organisiert, wozu er die Unterstützung von der NATO und dem Amt für Schiffbauforschung der Vereinigten Staaten erhielt. Der Ingenieur Lucien Gérardin hat ein hervorragendes Buch über Bionik geschrieben, auf das oft Bezug genommen wird. Jacques Couëlle, Mitglied der Akademie der Künste, hat 1945 mit zwei seiner Kollegen ein Zentrum zum Studium natürlicher Konstruktionen geschaffen. Und schließlich gründete der Ingenieur und Architekt Robert Le Ricolais eine Schule architektonischer Bionik ... allerdings mußte er dazu nach Philadelphia in den Vereinigten Staaten gehen!
Die Bionik ist eine Wissenschaft des Dialogs und lebt vom ständigen Informationsaustausch. Der Funken der Erfindung entzündete sich in den Kontaktbereichen verschiedener Disziplinen. Man glaubt im allgemeinen, daß die erfinderische Innovation das Ergebnis deduktiven Vorgehens, das heißt einer logischen Gedankenfolge sei. In Wirklichkeit aber entwickelt sie sich oft aus nur näherungsweisen Analogien oder aus oft ganz zufälligen Vergleichen.
Es gibt eine Unzahl von Modellen natürlicher Systeme und Mechanismen, aber es gibt keinen Gesamtkatalog, der zu ihnen Zugang schaffen würde.
Die Biologen, die Informationen über biologische Systeme besitzen, haben meist keine Vorstellung davon, welcherlei Ideen die Techniker aus ihnen herausholen könnten, denn ihr Blick ist von ganz anderer Natur. Ein Botaniker, der einen Schnitt durch einen Grashalm betrachtet, sucht dort nach der histologischen Darstellung der Bauteile: er sieht Fasern, Zellen, Zellschichten ... Der Techniker dagegen denkt in Begriffen wie zylindrische Formen, Profile, Zug- und Druckspannungen, Trägheitsmomente ...
Gewiß ergibt sich ein Zusammentreffen nicht immer aus purem Zufall. Die beiden Etrichs suchten nach Beschreibungen von natürlichen Gleitflugzeugen, als sie die Arbeiten des Botanikers Ahlborn über den Flugsamen der Zanonia lasen. Und nicht zufällig blätterte Le Ricolais in Haeckels Werk über Radiolarien. Man braucht zugleich den Zugang zu Forschungsarbeiten über natürliche Systeme und muß auch vorbereitet sein, sie in die Technik zu übertragen. Frei Otto hat die Veröffentlichung eines Katalogs von mit dem Rasterelektronenmikroskop aufgenommenen Diatomeen unternommen, um Architekten aufzufordern, daraus ihre Anregungen zu schöpfen.
Daß die Nachahmung natürlicher Modelle schließlich an Interesse gewinnt, liegt an den beträchtlichen Fortschritten des Wissens, das es erlaubt, die Prinzipien natürlicher Systeme besser zu verstehen und auch mehr und mehr komplexe technologische Systeme auszuführen. Darüberhinaus erleichtern die neuen Verbundwerkstoffe, die Leichtigkeit mit Festigkeit, Formbarkeit mit Elastizität verbinden, die Nachahmung natürlicher Strukturen.
Als Schlußfolgerung können wir ganz einfach noch einmal auf die Sätze von Réaumur verweisen, die wir als Motto an den Anfang des Buches stellten.
Wenn unsere Leser nach der Lektüre dieses Buches Pflanzen und Tiere mit anderen Augen sehen, so haben wir unser Ziel erreicht.

Das Silikatgerüst des Glasschwammes *Aulocystis* spec. Ein orthogonales Stabtragwerk wird von räumlichen „hohlen", oktaedrischen Knoten versteift. Durch die Gitterstruktur können nährstoffreiche Wasserströme zirkulieren.

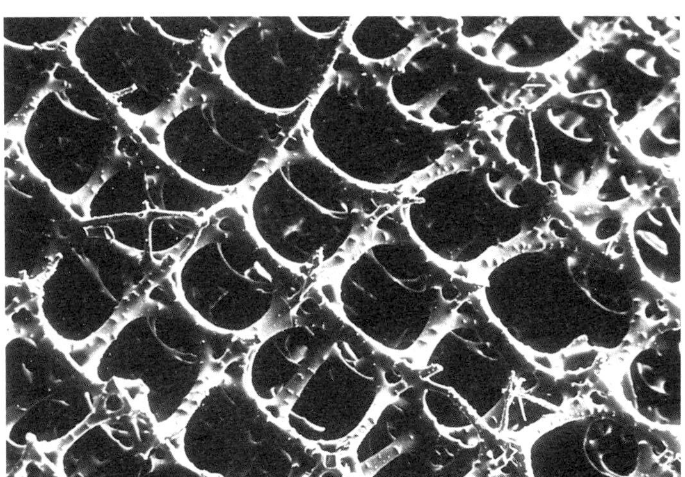

R. Cléva, D. Lancelin, Biologie der wirbellosen Meerestiere, MNHN, Paris.

Dieser Entwurf eines Kuppelbaus von Le Ricolais stellt zugleich eine Analogie und die Nachahmung natürlicher Tragwerke dar: Scharen von sich im rechten Winkel überlagernden Stäben werden durch räumliche „hohle" Knoten, die die Form von Dreieckspyramiden haben, versteift.

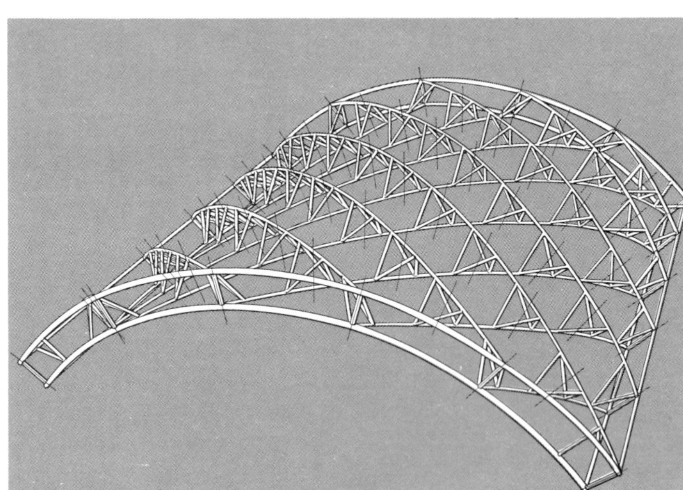

B. Kresling.

ÜBER DIE VERFASSER

Yves Coineau ist Professor am Naturhistorischen Museum in Paris und Leiter des Forschungslaboratoriums für Arthropoden. Er ist der Kurator einer Ausstellung über Bionik. Mit dem Thema dieser Ausstellung, mit populärwissenschaftlichen Filmen, mit einem „Mikro-Zoo", den er im Zoologischen Garten von Vincennes bei Paris geschaffen hat, versucht er, sein Staunen über die Natur auf technischer und ästhetischer Ebene einem breiten Publikum zu übermitteln.

Biruta Kresling ist Architektin und hat als Mitarbeiterin von Yves Coineau am Naturhistorischen Museum in Paris an der Ausstellung über Bionik mitgewirkt. Sie entdeckt die Wunder der lebenden Natur, der Pflanzen und Tiere, durch das Zeichnen und stellt sie technischen Erfindungen gegenüber. Sie arbeitet als externe Mitarbeiterin auch für die Arbeitsgruppe Nachtigall am Zoologischen Institut der Universität Saarbrücken und gibt Kurse für industrielle Designer an der Universität Valenciennes (Frankreich).

ÜBER BIONIKER

R.-G. Busnel war Professor am Forschungslaboratorium für das Hören bei Tieren an der INRA in Jouy-en-Josas (Frankreich). Im September 1966 organisierte er ein Kolloquium zum Thema „Die biologischen Modelle von Sonarsystemen bei Tieren" in Frascati, Italien. Dieser Kongreß wurde von der AGARD (wissenschaftliche, der NATO angegliederte Forschungsgruppen) und vom Amt für Schiffsbauforschung der Vereinigten Staaten unterstützt. Es war das erste Mal, daß bei einem Kolloquium Fragen der Bionik nicht nur vorgetragen, sondern auch tatsächlich um einen Tisch diskutiert wurden, an dem Biologen, Ingenieure und Spezialisten der Angewandten Mathematik saßen.

Jean-Pierre Gasc und **Sabine Renous** forschen am Naturhistorischen Museum in Paris über die Fortbewegung von Tieren. Sie verdanken viele ihrer Entdeckungen neuen Forschungstechniken wie dem Filmen mit Röntgenstrahlen oder wie dem Rasterelektronenmikroskop. Ihre Erfindung (rutschfeste Oberfläche in Nachahmung der Mikrostruktur von Schlangenschuppen) ließen sie — und das ist wohl das erste Mal in seinen Annalen — auch unter dem Namen des Naturhistorischen Museums patentieren.

Lucien Gérardin war Chefingenieur der Firma Thompson-Houston (Frankreich). Er interessiert sich für die Bionik und die Kybernetik, zwei Wissenschaften, die sich seiner Meinung nach ergänzen, indem „die Bionik mechanische Systeme untersucht und verwirklicht, die analog zu lebenden Systemen sind" und „die Kybernetik lebende Systeme in Analogie zu mechanischen Systemen untersucht." Sein Buch *La Bionique* (Hachette, Paris 1968) behandelt die Bionik der Datenübertragung, der biologischen Modelle der Kommunikation, der künstlichen Intelligenz usw. unter diesem Aspekt.

Heinrich Hertel (1901—1982) arbeitete als Luftfahrtingenieur in Deutschland und in Frankreich. Er veröffentlichte 1963 ein Buch unter dem Titel *Struktur, Form, Bewegung,* das zu den Klassikern der Bionik gehört. Er brachte darin seine eigenen Untersuchungen und Erfindungen, die er als Leiter des Instituts für Luft- und Raumfahrt der Technischen Universität Berlin gemacht hatte (ILTUB), und beeinflußte eine große Zahl bionischer Forschungsprojekte in der ganzen Welt.

Jean-Jacques Kessis und sein Mitarbeiter **M. Rambaut** experimentieren mit autonomen sechsbeinigen Laufmaschinen am Laboratorium für Robotertechnik und künstliche Intelligenz an der Universität Paris.

Max O. Kramer, ein deutscher Ingenieur, meldete um 1960 mehrere Patente auf eine turbulenzdämpfende Verkleidung an, die der Delphinhaut nachgebaut war. Um seine Erfindung finanziell einträglich zu machen, gründete er die Coleman-Kramer Company für Kalifornien. Obwohl seine Ergebnisse damals angezweifelt wurden, haben seine Arbeiten ein ganz neues Gebiet der theoretischen Physik eröffnet, die Untersuchungen an nachgiebigen Wänden *(compliant surfaces),* die zur Zeit — hinter verschlossenen Türen — auf militärischem Sektor weiterverfolgt werden (vor allem in der UdSSR und in England).

Robert Le Ricolais (1894—1977), französischer Architekt und Ingenieur, ist eine der Schlüsselfiguren architektonischer Bionik. Von seinen Beobachtungen und Überlegungen über natürliche Konstruktionen ausgehend, so z. B. über Radiolarien, entwickelte er mit strenger Logik die statischen Grundprinzipien für räumliche Strukturen. Von 1952 bis 1974 leitete er eine experimentelle Werkstatt an der Universität von Pennsylvania (USA). Das große technische Museum von Paris, der *Palais de la Découverte,* widmete ihm 1965 eine Ausstellung unter dem Titel: „Le Ricolais, Raum, Bewegung, Strukturen."

Paul MacCready, amerikanischer Physiker und Luftfahrtingenieur, ist durch den Bau von mit Muskelkraft angetriebenen Flugapparaten bekannt geworden (der *Gossamer Condor,* 1977, und der *Gossamer Albatros,* mit dem es Bryan Allen 1979 gelang, den Ärmelkanal zu überqueren). Zur Zeit entwickelt er ein Modell eines Riesenflugsauriers mit oszillierenden Flügeln weiter, ein Projekt, das vom Smithsonian Institute in Washington unterstützt wird. Diese teilweise schon mit Erfolg durchgeführten Versuche, die aus der Hochtechnologie der Luft- und Raumfahrt Nutzen ziehen, eröffnen eine neue Ära der Zusammenarbeit von Biologen und Technikern.

Werner Nachtigall ist Direktor des Zoologischen Instituts der Universität Saarbrücken und leitet eine Arbeitsgruppe, die sich mit der Physiologie des Fluges und des Schwimmens von Vögeln, Insekten und von Fischen befaßt. Er organisiert regelmäßig interdisziplinäre Symposien von Biologen und Technikern zu diesem Thema. In diesem Buch verdeutlichen einige Fotografien und Zeichnungen seine biotechnischen Forschungsmethoden.

Frei Otto, Architekt und Professor an der Universität Stuttgart, hat zahlreiche Spannkonstruktionen entworfen, wie den Deutschen Pavillon der Weltausstellung in Montreal (1967) oder die Überdachung der olympischen Sportstadien in München (1972). In Zusammenarbeit mit Biologen verfolgt das von ihm gegründete „Institut für Leichte Flächentragwerke" (IL) ein weitgefaßtes Forschungsprogramm über natürliche Konstruktionen und ihre möglichen Anwendungen in der Architektur (Sonderforschungsbereich SFB 230 „Natürliche Konstruktionen — Leichtbau in Architektur und Natur").

Marc Raibert und **Ivan Sutherland** arbeiten auf dem Gebiet der Robotertechnik und Informatik an der Carnegie-Mellon Universität in Pittsburgh, in den Vereinigten Staaten. Mit ihren sechsfüßigen laufenden Robotern (die sich aus den Pedipulatoren, ursprünglich von der amerikanischen Armee erprobten Laufmaschinen, entwickelt haben) und den hüpfenden Maschinen, an denen sie arbeiten, versuchen sie, nicht nur neue Techniken zu entwickeln, sondern versuchen auch, rückschließend Auskünfte über die Mechanismen ihrer biologischen Vorbilder zu erhalten (sechsbeiniges Laufen von Insekten, Springen des Känguruh, beispielsweise).

Ingo Rechenberg ist Direktor des Instituts für Bionik und Evolutionstechnik an der Technischen Universität Berlin. Einige seiner sehr originellen bionischen Erfindungen und auch seine Verfahrensmethode der „Evolutionsstrategie" werden kurz in diesem Buch vorgestellt. Sie zeigen, daß ein Bioniker zugleich große Neugierde für Vorgänge in der Natur besitzen muß, dazu die Phantasie eines Erfinders und auch die Strenge eines Mathematikers.

ZUM WEITERSTUDIEREN

WAS IST BIONIK?

D'Arcy Thompson, W. (1917) *On growth and form* (Neuauflage: Cambridge University Press, 1963).

Gérardin, L. (1968) *La bionique,* Hachette, Paris (*Bionics,* Weidenfeld & Nicolson, London, 1968).

Haeckel, E. (1904) *Kunstformen der Natur.* (Neuausgabe: *Artforms in nature,* Dover, New York 1974).

Hertel, H. (1963) *Struktur, Form, Bewegung,* Krausskopf, Mainz (*Structure, form and movement,* Reinhold, New York, 1966).

Heynert, H. (1976) *Grundlagen der Bionik,* VEB Deutscher Verlag der Wissenschaften, Berlin; Hüthig, Heidelberg.

Hildebrandt, S., Tromba, A. (1987) *Panoptimum: mathematische Grundmuster des Vollkommenen,* Spektrum-der-Wissenschaft-Verlagsgesellschaft, Heidelberg.

Kresling, B., Nachtigall, W. (1986) *Patente der Natur — Biophysik,* in: Das Große Jugendbuch, Das Beste, Stuttgart, Zürich, Wien.

Mironov, I. (1970) *La Bionique,* Mir, Moskau.

Nachtigall, W. (1974) *Phantasie der Schöpfung,* Hoffmann und Campe, Hamburg (Neuauflage: Heyne, München, 1983).

Stevens, P. S. (1983) *Zauber der Formen in der Natur,* Oldenbourg, München (*Pattern in nature,* Little, Brown and Company, Boston, Toronto, 1974).

Tributsch, H. (1976) *Wie das Leben leben lernte, physikalische Technik in der Natur,* dva, Stuttgart.

DER TECHNIK VORGEMACHT: DIE EROBERUNG DES WASSERS

Affeld, K., Clauss, G. (1968) *Biologisch-technische Untersuchung der Umströmung eines beweglichen Delphinmodells,* ILTUB-Bericht 6817, Berlin.

Delouis, C. (1978) *La réduction de la traînée hydrodynamique,* in: Pour la Science, Mai 1978.

Hertel, H., Oehler, C., Thiede, P. (1966) *Studien zur Auswahl eines Körpers minimalen spezifischen Widerstandes im Hinblick auf neue Flugzeugprojekte bei inkompressibler Strömung,* ILTUB-Bericht 6625, Berlin.

Kramer, M. O. (1961) *The dolphins secret,* in: Journal of the American Society of Naval Engineers.

Purves, P. E., Pilleri, G. E. (1983) *Echolocation in whales and dolphins,* Academic Press, London.

Rechenberg, I. (1976) *Verminderung des hydrodynamischen Widerstandes durch eine fischschleimähnliche Oberflächenbeschichtung,* TUB, Berlin.

Rosen, M.-W., Cornford, N. E. (1971) *Fluid friction of fish slimes,* in: Nature, London, November 1971.

Van Heel, D. (1974) *Extraordinaires dauphins,* Rossel.

Voß, W. (1982) *Energieumwandlung durch Flossenantriebe,* VDI Fortschrittberichte 12/24, Düsseldorf.

Webb, P. (1984) *Der Fischkörper: Form und Bewegung,* in: Spektrum der Wissenschaft, September 1984.

ARCHITEKTEN UND INGENIEURE IN DER SCHULE DER NATUR WOMIT DIE NATUR BAUT

Bouligand, Y. (1980) *La morphogenèse — de la biologie aux mathématiques,* Maloine, Paris.

Brooks, J., Shaw, G. (1978) *Sporopollenin: a review of its chemistry, palaeochemistry and geochemistry,* Grana 17, Stockholm.

Currey, J.-D., Nash, A., Bonfield, W. (1982) *Calcified cuticle in the stomatopod smashing limb.* Journal of materials science, 17.

Frisch, K. von (1974) *Tiere als Baumeister,* Ullstein, Frankfurt, Berlin.

Fuller, R.-B., Marks, R. (1960) *The dymaxion world of Buckminster Fuller,* Southern Illinois University Press.

Hunter, D. (1974, Neuauflage 1978) *Papermaking, the history and technique of an ancient craft,* Dover, New York.

Réaumur, R.-A. Férchault de (1719) *Histoire des guespes,* in: Mémoires de l'Académie Royale, Paris, 15 November 1719.

VORBILDLICHE BAUKUNST AUS DER NATUR

Bird, A. (1976) *Paxton's palace,* Cassell & Company, London, Sydney, Toronto.

Couëlle, J. (1943) *Ruban à goussets pour l'obtention par coulée d'éléments constructifs à emboitement répartissant les charges par dispersion des poussées,* Französisches Patent Nr. 880 833.

Foelix, R.-F. (1979) *Biologie der Spinnen,* Thieme, Stuttgart.

Guinet, P. (1984) *Contribution de l'anatomie à l'architecture,* Dissertation, Medizinische Fakultät Cochin — Port-Royal, Paris.

Haeckel, E. (1880—1895) *Report on the Radiolaria collected by H.M.S. Challenger during the years 1873—1876,* Volume XVIII, Edinburg (Neuauflage: Johnson reprint, New York, London, 1965).

Hecker, H.-D. (1969) *Der Hörsaal des Zoologischen Instituts der Universität Freiburg,* in: Freiburger Universitätsblätter, 25.

Helmcke, J.-G., Krieger, W. (1961) *Diatomeenschalen im elektronischen Bild,* Herausgeber Kroeger, Weinheim.

Joedicke, J., (1962) *Schalenbau, Konstruktion und Gestaltung,* Krämer, Stuttgart.

Krüger, W. (1958) *Der Bewegungsapparat,* in: Kükenthal, W. Handbuch der Zoologie, 6, de Gruyter, Berlin.

Kummer, B. (1957) *Biomechanik des Säugetierskeletts, in* Kükenthal, W. Handbuch der Zoologie, 6, de Gruyter, Berlin.

Le Ricolais, R. (1935) *Les tôles composées et leurs applications aux constructions légères, in* Bulletin des ingénieurs civils de France, Paris, Mai/Juni 1935.

Le Ricolais, R. (1940—1941) *Essai sur les systèmes réticulés à trois dimensions,* in: Annales des Ponts et Chaussées, Paris, Juli/August 1940 / Sept./Okt. 1941.

(Le Ricolais, R.) (1973) *Interviews with Le Ricolais, in* Structures Implicit and Explicit, 2, VIA Graduate School of Fine Arts, University of Pennsylvania, Philadelphia.

Mimram, M. (1983) *Structures et formes, étude appliquée à l'œuvre de Robert Le Ricolais,* Dunod, Paris.

Nervi, P.-L., Bartoli, Arcangeli, A. (1950) *Perfezionamento nella costruzione di solai, volte, cupole, traviparete et strutture portanti in genere a due o a tre dimensioni, con disposizione delle nervature resistenti lungo de linee isostatiche dei momenti o degli sforzi normali,* Italienisches Patent Nr. 455 678.

Otto, F. et al. (1982) *Natürliche Konstruktionen,* Deutsche Verlagsanstalt, Stuttgart.

Otto, F. (Herausgeber) (1975) *IL 8, Netze in Natur und Technik — Nets in nature and technics,* IL Universität Stuttgart.

Otto, F. (Herausgeber) (1984) *IL 28, Diatomeen I, Schalen in Natur und Technik — Diatoms I, shells in nature and technics,* IL Universität Stuttgart.

Rougerie, J., Vignes, E. (1978) *Habiter la mer,* Éditions Maritimes & d'Outre-Mer, Paris.

Vanden Broeck, F. (1981) *Fonction, matériau, forme: le ptérygoïde du python molure,* École cantonale des Beaux-Arts et d'Art appliqué, Lausanne, November 1981.

DER TECHNIK VORGEMACHT: DIE EROBERUNG DES FESTLANDS

Artobolevski, I., Kobrinski, A. (1980) *Les robots,* Mir, Moskau.

Gray, J. (1953) *How animals move,* Cambridge University Press.

Muséum national d'histoire naturelle, Castanet, J., Gasc, J.-P., Renous, S. (1983) *Surface à coefficient de frottement directionnel,* Französisches Patent Nr. 8 301 243.

Raibert, M., Sutherland, I. (1983) *Maschinen zu Fuß,* in: Spektrum der Wissenschaft, 3/1983.

Reuleaux, F. von (1875—1900) *Lehrbuch der Kinematik,* Braunschweig.

Wells, M., (1968) Lower animals, Mac Graw Hill, New York; Weidenfeld & Nicolson, London (*Wunder primitiven Lebens, Organisation und Leistung niederer Tiere,* Fischer-Taschenbuch-Verlag, Frankfurt, 1973).

Wiener, N. (1948) *Cybernetics,* Hermann, Paris, New York.

DER TECHNIK VORGEMACHT: DIE EROBERUNG DER LUFT

Ader, C. (1890) *Appareil ailé pour la navigation aérienne dit „Avion",* Französisches Patent Nr. 205 155.

Culick, F. (1979) *Das erste Motorflugzeug,* in: Spektrum der Wissenschaft, Sept. 1979.

Curry, M. (1925, 6. Aufl. 1960) *Regatta-Segeln,* Schweizer Druck- und Verlagshaus.

Dalton, S. (1977) *The miracle of flight,* Sampson Low, London.

DeCamp, R.-W., Hardy, R. (1984) *Mission adaptive wing, advanced research concepts,*

The Boeing Company, Seattle, Washington, June 1984.

Gibbs-Smith, Ch. (1978, 5. Auflage 1988) *Die Erfindungen von Leonardo da Vinci,* Belser, Stuttgart, Zürich (*The inventions of Leonardo da Vinci,* Phaidon Press, Oxford, 1978).

Grassé (Herausgeber) (1949) *Traité de zoologie,* Band VI, Masson, Paris.

Hummel, D. (1980) *The aerodynamic characteristics of slotted wing-tips in soaring birds,* 17. Int. Ornith. Kongr. Berlin (1978), *in* Deutsche Ornithologische Gesellschaft, Berlin.

Kresling, B. (1985) *Bewegungsphysiologie vor hundert Jahren: einige Aspekte der Arbeiten von E.-J. Marey aus der „Station physiologique"* in Paris, *in* Nachtigall, W. (1985).

Kresling, B. (1986) *Das „Fledermausflugzeug" von Clément Ader (1893—1897), in* Nachtigall, W. (1986).

Küppers, U. (1983) *Randwirbelteilung durch aufgefächerte Flügelenden,* VDI Fortschrittberichte 7,81, Berlin.

Lilienthal, O. (1899) *Der Vogelflug als Grundlage der Fliegekunst,* Oldenbourg, München (Neuauflage: Sändig-Reprint, Walluf-Nendeln, 1977).

Lissarrague, P. (1983) *Premiers envols,* Cuénot, Paris.

Lissarrague, P. (1984/1985) *Le planeur de Biot 1879, in* Pégase, 36, Le Bourget.

MacCready, P. (1985) *QN — The time traveler, in* Research report, National Air and Space Museum, Smithsonian Institute Press, Washington.

(*Marey, E.-J.*) (1983) Centre national de la photographie, Photo poche, Paris.

Nachtigall, W. (Herausgeber) (1983) *Bionareport 1,2: Insect flight — Insektenflug,* Akademie der Wissenschaften und der Literatur zu Mainz, Fischer, Stuttgart, New York.

Nachtigall, W. (Herausgeber) (1985) *Bionareport 3: Bird flight — Vogelflug,* Akademie der Wissenschaften und der Literatur zu Mainz, Fischer, Stuttgart, New York.

Nachtigall, W. (Herausgeber) (1986) *Bionareport 5: Bat flight — Vogelflug,* Akademie der Wissenschaften und der Literatur zu Mainz, Fischer, Stuttgart, New York.

Rechenberg, I. (1984) *BERWIAN konzentriert den Wind, in* Sonnenenergie, 2.

Zimmer, H. (1977) *Die Bedeutung der Flügelendformen beim Tragflügelentwurf für Flugzeuge der zivilen Luftfahrt,* DGLR 77-030.

VIEL WUNDERBARES IM FINSTERN

Busnel, R.-G. (Herausgeber) (1980) *Animal sonar systems,* Plenum Press, New York, London.

Dziedzic, A. (1984) *Les sonars biologiques, in* La recherche, April 1972.

Florion, A. (1972) *Essai d'utilisation de Gymnarchus niloticus Cuvier 1829 pour la régulation d'un biochronomètre à l'Aquarium tropical de Nancy, in* Revue française d'Aquariologie, Juli 1984.

Gamow, R. I. Harris, J. F. (1973) *The infrared receptors of snakes, in* Scientific American, Mai 1973.

Griffin, D.-R. (1958) *More about that „radar",* in Scientific American, Juli 1958.

Harder, W. (1965) *Elektrische Fische, in* Umschau 15, 16.

Kroeger, R.-A. Gruschka, H.-D., Helvey, T.-C. et al. (1972), *Low speed aerodynamics for ultra-quiet flight,* Report AD 893 426, AF Flight dynamics laboratory, Wright-Patterson base, Ohio.

Lissmann, H.-W. (1963) *Electric location by fishes, in* Scientific American, März 1963.

Treat, A.-E. (1983) *Moth hearing and bat sounds: the history of a collaboration, in* Huber, F., Markl, H. (Herausgeber), Neuroethology and behavioral physiology, Springer, Berlin, Heidelberg.

Wu, T. Y.-T., Brokaw, C.-J., Brennen, C. (1975) *Swimming and flying in nature,* Plenum press, New York, London.

VIEL WUNDERBARES BEI GENAUEREM HINSEHEN

Angel, J. R. P. (1979) *Lobster Eyes as x-ray telescope, in* The astrophysical journal, 233.

Gasc, J.-P., Renous, S., Diop, A. (1982) *Structure microscopique de l'épiderme palmaire du Saurien „Coleodactylus amazonicus" (Andersson, 1918), comparée à celle de l'épiderme des feuilles de la litière, substrat locomoteur de l'animal, in* Comptes rendus de l'Académie des Sciences, Paris, 18 Januar 1982.

Nachtigall, W. (1982) *Biotechnik und Bionik — fachübergreifende Disziplinen der Naturwissenschaft,* Akademie der Wissenschaften und der Literatur, Mainz und Wiesbaden, Steiner.

Nachtigall, W. (1987) *Konstruktionen, Biologie und Technik,* VDI-Verlag, Düsseldorf.

Sandri, M.-L. (1964) *Introduzione alle bionica, in* Rassegna medica e culturale, tome 41 (4, 5)

Vogt, K. (1977) *Ray path and reflexion mechanisms in crayfish eyes, in* Zeitschrift für Naturforschung, 32 c.

DIE STRATEGIE DER EVOLUTION

Mayr, E. (1974) *Populations, espèces et évolution,* Hermann, Paris.

Rechenberg, I. (1973) *Evolutionsstrategie — Optimierung technischer Systeme nach Prinzipien der biologischen Evolution,* Fromann-Holzboog, problemata 15, Stuttgart-Bad Cannstatt.

FILME ZU THEMEN DER BIONIK

Automobile zu Fuß. V. Arzt, Geo-Film, Hamburg, 45 Min. (1985)

Courants d'eau I, II, III; Courants d'air; Tenir le cap; Le vol aveugle; Architecture arachnéenne. 7 Kurzfilme von 2—9 min. des CNDP (Centre National de documentation pédagogique), Französisches Unterrichtsministerium, Paris. M. Liautard, F. Vieugué, B. Kresling (1985).

Register

Die *kursiv* gesetzten Zahlen verweisen auf Abbildungen.

Inhalt

ISBN 3-7887-0570-7